야마자키 후미오(山崎文雄) 저 / 한영숙 · 이경신 편역

어린이식교육 시리즈 1

어린이식교육

-여러 가지 음식 이야기-

백산출판사

어린이식교육

여러 가지 음식 이야기

어린이식교육 시리즈 1

2006년 11월 1일 인 쇄
2006년 11월 7일 발 행

저 자 / 야마자키 후미오(山崎文雄)
편역자 / 한영숙 · 이경신
발행인 / 진 욱 상

발행처 / 백산출판사
등록 : 1974. 1. 9. 제1-72호
서울시 성북구 정릉3동 653-40
전화 : (02)914-1621, 917-6240
팩스 : (02)912-4438

www.baek-san.com
edit@baek-san.com

ISBN 89-7739-902-5 02980

KODOMO NO SHOKUKYOIKU 1. CHART
by Fumio Yamazaki

이 책의 활용법

- 어린이의 바른 식습관 형성과 함께, 온 가족의 건강을 위한 생활지침서의 역할을 할 수 있습니다. 엄마가 아이들과 가족들에게 음식과 함께 설명해준다면 멋진 교육이 될 것입니다.

- 1페이지마다 하나의 음식, 또는 주제를 그림과 함께 설명하여 재미있는 음식교육을 할 수 있게 하였습니다.

- 각 페이지의 제목에는 내용이 함축되어 있어서 제목과 그림만으로도 재미있는 설명을 할 수 있습니다.

- 우리나라의 실정에 맞게 그림을 새로 그리고, 우리나라 어린이들과 가정에서 꼭 알아야할 내용을 첨가하였으며, 읽기 쉽도록 순서를 조정하여 흥미를 높였습니다.

- 각 그림 밑의 설명은 아이들도 직접 읽을 수 있도록 하기 위하여 최소화된 내용만을 담았습니다. 어머님과 선생님께서 직접 가르치실 때에는 적당한 내용을 추가하여 보완하시면 더 알찬 교육이 될 수 있습니다.

- 그림 부분은 차트로 만들 수도 있고, 판넬로 제작하여 유치원이나 어린이집, 또는 학교나 가정에서 활용할 수 있습니다. 반절 사이즈의 교육용 판넬이 필요하시면 아래 연락처로 연락주세요.(아래 저작권 보호 규정 참조)

- 이 책의 저작권은 다음과 같이 보호됩니다.

들어가는 말

최근 들어 급속도로 인구의 고령화가 진행되는 한편, 출생률은 저하하고 있어서 아동의 인구가 감소하고 있습니다. 미래의 고령화 사회를 이끌어나가는 것은 지금의 어린이들이라는 측면에서 현재의 아동인구 감소는 매우 심각한 문제가 아닐 수 없습니다. 동시에 적은 수의 어린이들을 건강하게 키우는 것이 우리들의 과제입니다.

하지만 최근에는 식생활의 변화와 생활양식의 변화에 따른 만성적인 운동 부족으로 인해 소아성인병으로 고생하는 아이들이 늘고 있습니다. 이러한 현상은 우리나라뿐 아니라 서구 선진국의 공통적인 문제이며, 이를 해결하기 위해서 최근에는 초등학생을 대상으로 식교육을 시행하는 나라가 증가하고 있습니다. 하지만 음식에 대한 기호나 식습관의 기초는 취학 전 3~5세 시기에 형성되기 때문에, 초등학생을 대상으로 한 교육은 너무 늦다고 할 수 있습니다.

따라서 어린이집, 유치원의 아이들을 대상으로 연령 발달에 적합한 식교육을 계획적으로 추진할 필요성이 강조됩니다.

이해력이 충분하지 못한 미취학 아동을 대상으로 식교육을 하기 위해서는 비디오, 슬라이드 등의 교육 자료가 필요하지만, 현재의 상황은 이러한 교육 자료를 쉽게 찾기 힘든 것이 사실입니다.

이에 저는 다이이치 제일출판주식회사의 협력을 얻어 「어린이 식교육(1. 차트편)」과 「어린이 식교육(2. 시나리오 편)」, 「어린이 식교육(3. 보호자편)」을 시리즈로 출판하기로 기획하였습니다. 이 책은 「어린이 식교육 (1. 차트편)」으로서, 교육자용 판넬을 작성할 때 참고가 되는 사항을 정리한 것입니다.

이 책의 설명문은 필수적인 최소한의 내용만 포함하고 있습니다. 때문에 그림 부분을 모사하거나 응용해서 교육 자료를 제작할 경우에는 내용을 추가 혹은 응용해서 이용하는 것도 좋을 것이라고 생각합니다.

마지막으로 이 책의 출판에 있어서 온 힘을 써주신 다이이치 출판 주식회사의 관계자 여러분께 진심으로 감사의 뜻을 전합니다.

야마자키 후미오 씀

책을 번역하며

일선에서 식품영양학을 지도하면서, 늦둥이 아이를 키우면서 이 아이들에게 평생 물려주고 싶은 자산이 무엇인가 생각해 보았습니다.

유아기는 정신과 지능이 급속히 발달하는 시기입니다. 세살 때 버릇이 여든까지 간다는 속담이 있듯이 이 때의 식습관이 평생의 건강을 좌우합니다. 특히 음식의 싫고 좋음, 음식을 먹는 태도, 위생적인 식습관이 어른이 되어서 까지 유지되고, 이것은 신체적인 건강뿐만 아니라 정신적 건강까지 지배하게 되지요. 음식은 우리 몸을 구성하고 조절하는 기능이 있으며, 어릴 때의 식습관은 사물을 대하는 태도, 사람과의 인화성, 조화로운 인성에 영향을 받기 때문입니다.

우리 아이들은 건강하게 키우고 싶고, 배우고 있는 학생들의 미래 제자들, 아이들, 그리고 그 주변의 아이들까지 건강하기를 바라며 이 책을 번역하게 되었습니다. 특히 일본어로 된 원서에서는 시리즈 1권의 제목을 「차트편」이라 하였지만, 번역하면서 「여러 가지 음식 이야기」로 바꾸었고, 우리나라 실정에 맞게 그림도 새로 그리고, 재미있게 구성하고자 많은 노력을 기울였습니다.

이 책을 읽거나 지도받고 난 뒤에 식생활이 얼마나 중요한지, 바른 식습관이 얼마나 필요한지를 깨달아 몸도 건강하고 정신적인 세계도 건강하여 이 사회가 건강하고, 밝고 조화로운 사회가 되기를 진심으로 바랍니다.

우리 아이가 커서 이 책을 다시 보았을 때, 엄마가 나를 얼마나 사랑하였기에 이 책을 번역하였나 알 수 있었으면 하는 작은 바램을 덧붙여봅니다.

한영숙 / 이경신 씀

차 례

엄마와 선생님이 먼저 보아요

1. 식교육의 의의

유아기를 거쳐 아동기에 이르기까지 어린이는 운동량도 많아지고, 체격과 지능도 크게 성장합니다. 특히 유아기에는 생활·행동의 측면에서 식사, 배설, 옷 입기 등의 행동을 혼자 익혀나가게 됨으로써 인간으로서의 기본 능력과 소양을 쌓는 중요한 시기가 되며, 이 시기에 형성된 올바른 생활습관과 식습관, 가령 음식에 대한 기호, 음식을 먹는 습관, 청결을 유지하는 습관 등은 아동기를 거쳐 완성되어 평생을 건강하게 살아가는 기초를 다지는 중요한 시기가 됩니다.

최근 들어 우리나라는 출생률이 심각하게 낮아지고 있는 반면, 인구의 고령화 추세는 급속도로 심화되고 있습니다. 이러한 상황은 사회의 전반적인 건강수준의 향상을 요구하여, 개개인의 건강이 사회 전체의 건강을 이루는 핵심이 되고 있습니다.

어린이의 올바른 식교육은 한 인격체로서의 건강한 신체와 건강한 정신의 형성에 매우 큰 도움을 주게 됩니다. 이렇듯 유아기의 체계적인 식교육은 그 중요성을 더 이상 간과할 수 없는 핵심요소가 되어가고 있습니다.

2. 식교육의 목적

유아나 어린이들은 어른과 달라서 자발적으로 올바른 식습관을 몸에 익히거나 잘못된 점을 고치기는 어렵습니다. 그렇기 때문에 어린이 식교육은 유치원·어린이집·초등학교 등의 교육시설과 가정이 긴밀하게 연결되어서 진행되는 것이 매우 중요합니다.

바람직한 식습관과 음식에 대한 기호를 형성시켜 주는 이 시기의 식교육을 통해 단 한 끼의 식사라도 그 영양적·건강적 효과를 극대화할 수 있어야 합니다.

3. 식교육의 원칙

어린이를 대상으로 하는 식교육은 다음의 사항에 유의해야 합니다.

1) 발달 단계를 고려한 식교육

유아기는 심신의 발달이 빠른 시기이며, 나이에 따른 신체 기능이나 이해력의 차이가 큰 시기입니다. 그렇기 때문에 연령 발달에 적합한 지도계획을 세우는 일이 중요합니다.

2) 교재 연구 및 고안

유아는 말보다는 그림이나 영상 등 시청각에 호소하는 매체에 관심을 보이기 마련입니다. 따라서 유아를 대상으로 한 교육은 인형극, 비디오나 그림을 이용하는 것이 효과적입니다.

3) 끈기 있는 교육

유아기의 아동은 집중도가 떨어지기 마련입니다. 그렇기 때문에 이 시기의 어린이를 대상으로 하는 교육은 같은 일을 반복해서 끈기 있게 가르칠 필요가 있습니다.

4) 일관성 있는 교육

지도를 담당하는 사람에 따라서 가르치는 내용이나 형식에 다른 점이 생기면, 교육의 일관성이 없어져 유아는 당황하기 마련입니다. 교사 간에, 그리고 가정과의 연대를 긴밀히 해서 일관성 있게 가르치는 것이 필요합니다.

5) 좋은 본보기가 되는 교육

유아는 가까운 어른을 하나의 모델로 설정한 후, 여러 가지를 하나하나 체득해나가게 됩니다. 어린이집과 유치원에서는 교사가, 가정에서는 부모님이 좋은 본보기가 되어서 자연스럽게 배우는 것이 중요합니다.

6) 애정을 가진 교육

유아에게 처음부터 잘 하는 것을 기대하기는 무리입니다. 애정을 가지고 끈기 있게 긴 안목으로 보는 것이 중요합니다.

4. 식교육의 구체적 계획

유치원과 어린이집에서 식교육을 실시할 때에는 다음과 같은 사항에 유의해야 합니다.

1) 대상의 파악

유아기의 식생활은 부모를 비롯한 가족의 영향을 강하게 받습니다. 그렇기 때문에 식교육을 하기에 앞서 어린이의 가정환경이나 가정에서의 식사환경 등에 관한 정보를 사전에 파악할 필요가 있습니다.

2) 어린이의 발달에 맞춘 교육계획

어린이는 연령에 따라 각각 식사하는 능력과 식사행동, 이해력에 개인차가 존재합니다. 그렇기 때문에 이 시기의 아동을 대상으로 교육을 실시할 때에는 각각의 발달시기에 알맞은 교육을 실시해야 합니다. 또한 각각의 연령에 중점적으로 지도할 구체적인 목표를 세우는 것도 중요합니다.

3) 상호간의 연대와 협조

어린이집과 유치원에서의 식교육은 어디까지나 보육의 일환으로서 진행시키게 됩니다. 그렇기 때문에 영양사, 지도교사, 조리사가 모두 긴밀히 연대해서 협력해야 합니다.

4) 가정과의 연대

식교육은 유치원이나 어린이집에서만의 지도로는 충분하지 않습니다. 가정에서의 교육이 가장 중요하다고 할 수 있습니다. 이를 위해서 학부모와의 상담이나 급식소식지 등을 적극 이용할 필요가 있습니다.

5. 식교육의 내용

유아기는 이해력이 충분하지 않은 시기입니다. 많은 것을 한꺼번에 기대하지 말고, 다음사항을 중점적으로 교육하기 바랍니다.

1) 식품과 요리 이름 인식

우선은 유아에게 식품의 종류와 식품의 이름, 요리의 이름을 외울 수 있도록 합니다. 이것은 이후의 식사지도를 순조롭게 진행시키기 이전에 선행되어야 할 기초적인 내용입니다. 연령별로 이해할 수 있는 능력에 맞는 교육을 진행해야 합니다.

▣ **식품의 이름 :** 어린 유아들에게 각각의 식품의 이름 무턱대고 가르치기만 한다면, 이해력이 불충분하기 때문에 큰 효과를 기대할 수 없습니다. 처음에는 급식의 식단에 사용된 식품을 중심으로 식품에는 여러 가지 종류가 있다는 사실을 인식할 수 있도록 해야 합니다. 다음 단계에서는 식품에는 여러 종류가 있으며, 같은 종류에도 여러 가지의 식품이 존재한다는 것을 알려줄 필요가 있습니다.

▣ **요리의 이름 :** 이 시기에 요리의 이름을 알려준다는 의미는 암기의 의미보다는 식품의 종류와 식품명의 이해를 용이하게 하는 데에 그 목적이 있습니다. 따라서 요리이름의 단순나열보다는, 급식의 식단에 실제로 사용되는 요리를 중심으로 사용된 재료를 화재삼아 지도하는 것이 효과적입니다.

2) 식품과 신체

식품의 종류나 식품의 이름을 어느 정도 외울 수 있으면 다음으로는 식품과 신체의 관계에 관해 교육합니다. 식품에는 신체 기능에 필요한 중요한 성분이 함유되어 있으며, 식품의 종류에 따라서 함유한 성분이나 신체 내에 있어서의 역할이 각각 다르다는 것을 인식하게 합니다. 유아의 이해력을 생각하면 너무 어려운 것은 지도할 수 없습니다. 몸을 움직이는 에너지와 체온의 기초가 되는 식품, 혈액과 근육을 만드는 식품, 뼈와 이를 만드는 식품, 몸의 상태를 좋게 하거나 병에 걸리지 않기 위해 필요한 식품 등으로 구분해서 각각의 식품이 신체 안에서 어떤 역할과 기능을 하고 있는지 알려주도록 합니다.

3) 식품과 건강

신체의 성장, 건강한 생활, 뼈와 이의 건강과 식품은 밀접한 관계가 있다는 것을 알려주어야 합니다. 또한 건강과 편식과의 관계, 더 나아가서 많이 먹어도 좋은 식품과 너무 많이 먹으면 안 되는 식품 등의 차이점에 관해서 설명해 줍니다. 최근의 아이들은 신장, 체중 등의 발육은 뛰어나지만 운동기능이나 체력 등은 뛰어나지 못한 경우가 대부분입니다. 건강을 위해서는 식사 뿐 아니라 활동도 중요하다는 사실을 교육하는 것이 필요합니다.

4) 간식

아이는 음식을 씹는 활동이나 위장의 기능 등 소화기계의 발달이 충분하지 않기 때문에 아침, 점심, 저녁의 세 번 식사만으로는 필요한 음식의 양을 채우기가 어렵습니다. 그래서 반드시 필요한 것이 간식입니다. 하지만 간식을 먹는 방법이 잘못 되었거나, 잘못된 내용의 간식을 먹을 경우는 성장과 발육에 장애를 초래할 수 있으므로, 올바른 간식 섭취법에 관한 교육이 필수적입니다.

이는 원래 학부모를 대상으로 교육해야 하지만, 유아 자신에게도 간식에 관한 기본적인 규칙을 가르칠 필요가 있습니다. 어린이를 대상으로 한 간식의 지도 내용으로는 손씻기, 규칙적으로 먹기, 적당한 속도로 먹기, 양치질하기 등을 들 수 있습니다. 특히 중요한 것은 간식의 내용입니다. 지나치게 단 과자나 마시는 것만이 간식이 아니라는 사실을 간식시간을 이용해서 반복적으로 가르쳐 주는 일이 필요합니다.

5) 바람직한 식사법

식사에 관련해서 유아기에 반드시 교육해야 하는 사항으로는 식사법을 들 수 있습니다. 어린이의 식사태도에 너무 많은 것을 바라는 것은 무리가 있습니다. 하지만 안이한 생각은 자칫 올바르지 못한 식습관의 형성으로 이어질 수 있습니다. 올바른 식습관은 유아기에 형성되기 마련이며, 이는 식사예절의 측면 뿐 아니라 평생의 건강을 좌우하는 중요한 것입니다. 그렇기 때문에 이 시기에 올바른 식사법을 교육할 필요가 있습니다.

6) 위생적인 식사

유아기의 아동에게 반드시 필요한 교육 중 하나가 위생적인 측면을 고려한 식사입니다. 특히 간식을 포함해 식사 전후의 손 씻기, 식후에 양치질하기, 식품을 청결하게 다루기 등에 관해서 중점적으로 교육합니다. 이러한 교육을 통해 용변 후 손을 씻는 버릇, 위생적이지 못한 음식을 입에 넣지 않는 버릇 같은 중요한 습관이 몸에 익혀지게 됩니다. 또한 올바른 양치질 방법에 관해서도 중점적으로 지도할 필요가 있습니다.

7) 식사예절

식사예법에 관한 교육은 가정에서는 좀처럼 시행되기 어려운 교육입니다. 그렇기 때문에 학교나 어린이집·유치원에서의 교육이 매우 중요하다고 할 수 있습니다. 교육 기관에서 집단적으로 행동할 때는 경쟁·자주성의 발달과 같은 집단 역학적인 효과를 기대할 수 있습니다. 그렇기 때문에 가정과 긴밀히 연계해서 바람직한 식사 예법의 형성에 힘쓸 필요가 있습니다. 이 시기의 어린이는 올바르지 못한 자세의 식사, 식사 중 장난하는 버릇 등의 공통된 특성을 지니고 있습니다. 이러한 부분에 너무 신경질적으로 대처하면 안 됩니다. 언제나 느긋한 마음으로 대응하는 것이 중요합니다.

8) 음식물을 먹는 이유

음식물을 먹는 이유는 사실 유아를 대상으로 한 식교육에서 가장 처음에 가르쳐야 하는 사항입니다. 하지만 유아는 아직 이해력이 충분하지 않기 때문에, 어느 정도 시간이 흐른 뒤에 설명하는 것이 좋습니다. 4세 이후의 어린이를 대상으로 하며, 쉽게 설명해야 합니다. '사람은 어떤 종류의 음식을 먹는가', '먹지 않고는 왜 살 수 없을까'에 관련된 내용을 이해하여 음식물이 소중하다는 것, 음식물의 의미에 관해서 지도하는 것이 좋습니다.

1~2세 영·유아의 어린이집 식사지도법

목 표	구 분	바람직한 모습	지도방법	가정 교육안내
· 식품의 이야기 들려주기 · 식품의 이름 익히기 · 식사와 관련된 노래 익히기 · 식사 전후에 인사하기	식사전	· 용변 후 손 씻기 · 자리에 앉아서 식사를 기다리기 · 감사의 인사하기	· 용변 후 손을 씻게 한다 · 책상과 의자의 위치를 생각해서 자리에 앉힌다 · 다함께 '잘 먹겠습니다' 라는 인사를 한다	· 학부모 상담이나 설문조사를 통해 어린이의 기호, 식사량, 체질, 병력 등을 파악한다. · 가정과 어린이집에서 번갈아가며 어린이의 건강상태, 수면시간, 식사상황 등을 조사한다 · 어린이집에서의 식사예절과 방침을 가정에까지 연장한다 · 급식의 중요성을 학부모에게 이해시킨다
	식사중	· 자기 것과 남의 것 구분하기 · 숟가락과 젓가락의 사용법 익히기 · 밥과 반찬을 번갈아가며 먹기	· 잘 씹어서 먹도록 한다 · 숟가락과 젓가락의 올바른 사용법을 가르친다 · 음식물을 남기지 않도록 도와준다 · 식욕의 개인차를 파악한다	
	식사후	· 다른 사람이 다 먹을 때까지 기다리기 · 손과 입 주위 닦기 · 감사의 인사하기	· 물수건과 냅킨을 이용해 손과 입 주위를 깨끗하게 닦는다. · 다함께 '잘 먹었습니다' 라는 인사를 한다	

3세 유아의 어린이집 식사지도법

목 표	구분	바람직한 모습	지도방법	가정 교육안내
·요리의 이름 익히기 ·식품과 신체의 관계를 그림 등의 교재를 통해서 익히기 ·음식을 입안에 넣은 채 말하지 않는 습관 익히기 ·잘 씹어 먹는 습관 익히기	식사전	·용변 후 스스로 손 씻기 ·자리에 앉아서 식사를 기다리기 ·감사의 인사하기	·올바르게 손 씻는 방법을 지도한다 ·개인차를 고려하여 접시, 그릇 등에 음식을 나누어 준다 ·다함께 '잘 먹겠습니다' 라는 인사를 한다	·편식하지 않도록 가정에서의 교육을 당부한다. ·가정에서 식사할 때에도 용변 후와 식전에 깨끗이 손을 씻는 습관을 익히도록 당부한다. ·올바른 식사법에 관해 가정에서의 원활한 교육이 이루어지도록 지도한다 ·가정에서의 식사내용이나 간식을 주는 방법 등에 관해 학부모를 상대로 교육한다.
	식사중	·숟가락, 젓가락의 사용법 습득 ·흘리지 않고 먹기 ·바닥에 떨어진 음식 먹지 않기 ·꼭꼭 잘 씹어서 먹기 ·식사 중 큰 소리로 말하지 않기 ·식사 중 자리를 떠나지 않기 ·편식하지 않기	·편식하지 않도록 지도한다 ·건강상태와 식후 상황을 고려해서 적당한 양을 배식한다 ·싫어하는 음식이 나와도 감사하는 마음으로 남기지 않도록 지도한다	
	식사후	·식사 후 주변 정리하기 ·감사의 인사하기 ·양치질하기 ·조용히 휴식 취하기	·식사 후 주변을 스스로 정리하도록 한다 ·다함께 '잘 먹었습니다' 라는 인사를 한다 ·식사 후 양치질을 시킨다	

4세 유아의 어린이집 식사지도법

목 표	구 분	바람직한 모습	지도방법	가정 교육안내
· 도표나 그림 등의 교재를 통해 식품에 함유된 성분과 역할 익히기 · 청결한 식사의 중요성 반복 교육하기	식사전	· 올바른 방법으로 손 씻기 · 깨끗한 손으로 지저분한 물건 만지지 않기 · 자리에 앉아 조용히 식사를 기다리기 · 감사의 인사하기	· 어린이와 함께 식탁을 정돈하며 배식을 돕는다. · 식전, 식후의 인사에는 진심으로 감사하는 마음을 담을 수 있도록 지도한다.	· 가정에서 편식하는 습관이 생기지 않도록 당부한다. · 식욕이 없는 어린이는 학부모와의 상담을 통해 개별적으로 지도한다. · 편식이 심한 아이는 학부모와의 상담을 통해 각별한 관심을 기울인다.
	식사중	· 숟가락과 젓가락을 올바른 방법으로 사용하기 · 음식을 흘리지 않고 먹기 · 잘 씹어서 먹기 · 다른 사람의 식사를 방해하지 않기 · 다른 행동을 하면서 먹지 않기	· 식사중의 올바른 예절을 교육한다. · 남기지 않고 먹는 습관을 들인다. · 정해진 시간 내에 식사를 마칠 수 있도록 지도한다.	
	식사후	· 자기 주변을 스스로 정리하기 · 사용한 식기 정리하기 · 식탁을 깨끗이 하기	· 남은 반찬은 지정된 용기에 버리도록 지도한다. · 어린이가 식기를 치우는 것을 돕는다. · 바닥에 흘린 음식은 줍도록 지도한다.	

5~7세 아동의 어린이집 식사지도법

목 표	구 분	바람직한 모습	지도방법	가정 교육안내
·도표나 그림 등의 교재를 통해 식품에 함유된 성분과 역할 익히기 ·청결한 식사의 중요성 반복 교육하기	식사전	·자발적으로 올바르게 손 씻기 ·손을 씻은 후 청결한 모습으로 잘 닦기 ·감사의 인사하기	·손 씻는 방법에 때로는 주의를 주어 올바른 방향으로 이끌도록 한다. ·식사예절을 습관화할 수 있도록 교육한다.	·급식에 관한 설문조사를 실시한다. ·학부모를 상대로 건강관리와 식생활에 관한 교육을 실시한다. ·학부모와의 꾸준한 상담을 통해 어린이집에서의 식사태도를 학부모에게 알린다.
	식사중	·바른 자세로 차분히 먹기 ·입속에 음식이 들어 있는 채로 이야기하지 않기 ·잘 씹어서 먹기 ·식사 도중 일어나지 않기 ·정해진 시간 내에 식사하기	·하나씩 지시하지 않아도 올바른 식사법에 따라 식사할 수 있도록 주의를 기울인다. ·싫어하는 음식도 남기지 않고 먹을 수 있도록 격려한다. ·적당량의 음식을 배식하며, 음식을 남기지 않도록 지도한다.	
	식사후	·자기 주변을 스스로 정리하기 ·사용한 식기 정리하기 ·조용히 휴식 취하기	·스스로 식기를 정리할 수 있도록 돌봐준다. ·식탁 주변에 음식 찌꺼기가 없는지 확인시켜준다. ·식사 후에는 조용히 휴식을 취할 수 있도록 지도한다.	

연령별 어린이집의 식사 지도 교육 방법

연 령	교육 목표	구체적 성과
0~2세	·1세 : 개인별 이유식 섭취 ·2세 : 즐거운 식사	·손으로 쥐고 혼자 먹을 수 있다. ·음식의 맛에 익숙해지며 잘 씹을 수 있다. ·가정과의 연대를 긴밀히 한다. ·아침식사를 거르지 않도록 지도한다. ·숟가락과 젓가락에 익숙해진다.
3 세	·음식에 쉽게 익숙해진다. ·즐거운 분위기 속에서 식사하기 ·편식하지 않으며 다양한 음식 먹기 ·올바른 식사예절 학습하기	·편식을 하지 않는다. ·음식을 흘리지 않고 먹는다. ·숟가락과 젓가락의 사용법을 익힌다. ·적당량의 음식을 먹는다. ·식전에 손을 씻는 습관을 들인다.
4 세	·즐거운 분위기 속에서 식사하기 ·감사하는 마음으로 식사하기 ·건강한 신체 만들기 ·건강한 생활습관 익히기 ·식사의 중요성 인식하기 ·식전, 식중, 식후의 식사예절 익히기 ·손 씻는 일의 중요성 인식하기	·차분하게 식사할 수 있다. ·식사예절을 지킨다. ·밥과 반찬을 번갈아가며 먹는다. ·올바른 자세로 식사한다. ·움직이지 않고 먹는다. ·음식을 흘리지 않고 먹는다. ·뒷정리를 제대로 한다.
5~7 세	·즐거운 분위기의 식사 즐기기 ·신체와 음식과의 관계 인식하기 ·식사예절 학습하기 ·식사의 중요성을 지각하며 즐겁게 식사하기 ·식사준비와 뒷정리의 중요성 인식하기	·올바른 자세로 식사한다. ·밥과 반찬을 번갈아가며 먹는다. ·식사시간을 지키며 식사한다. ·음식을 잘 씹어 먹는다. ·흘리지 않으며 잘 먹는다.

올바른 유아기 어린이의 식사법

구 분	유아기 어린이의 식사 특성	올바른 식사법
식사내용	· 월별, 연령별로 필요한 영양소의 양과 종류에 큰 차이가 있다. · 저작, 대사능력이 미숙하며 개인차가 크다. · 과식, 식욕부진, 편식 등의 위험이 있다. · 세균 감염에 대한 저항력이 부족하다.	· 적당한 영양량 · 연령발달을 고려한 식품의 선택과 조리법 · 개인차에 대한 배려 · 다양한 메뉴의 식사 · 식사의 안정성 확보
식사환경	· 식사 환경에 따라 식욕이 많이 좌우된다. · 식기의 그릇, 모양, 음식의 배치, 색 등의 조건 등에 식욕이 영향을 받는다. · 스스로 먹으려는 욕구가 강하다. · 가정적인 분위기가 필요하다.	· 식탁과 의자 올바로 사용하기 · 눈에 끌리며 먹기 쉬운 식기 사용하기 · 따뜻한 분위기에서 식사할 수 있도록 배려하기
식사예절	· 식사예절이 형성되는 시기이다. · 음식에 대한 기호와 조미에 대한 기호가 형성되는 시기이다.	· 손 씻기와 양치질의 습관 익히기 · 식사 전·후에 인사하는 습관 익히기 · 잘 씹어서 먹기 · 편식하지 않기

어린이식교육

1 여러 가지 음식 재료

쌀

쌀이 어떻게 우리의 밥상까지 오는지 알아볼까요?

농부아저씨들은 봄이 되면 논에 벼를 심는답니다. 이것을 모내기라고 하지요. 논에 심겨진 벼는 장마철에 많은 비를 맞으며 쑥쑥 자라나지요. 한여름 햇볕을 쬐면 쌀알은 더욱 커진답니다. 가을이 되면 쌀알은 많이 익어서 무거워지고 벼는 고개를 숙인답니다. 고개를 숙인 벼를 벤 후, 쌀알을 꺼내면 맛있는 쌀을 먹을 수 있답니다. 쌀은 농부아저씨들이 열심히 일해서 생긴 음식입니다. 그러니까 밥을 먹을 때에는 항상 감사하는 마음으로, 남기지 말고 먹어야 합니다.

밀

우리들이 맛있게 먹는 빵, 국수, 스파게티 같은 음식은 모두 밀로 만든 음식입니다. 밀은 전 세계에서 가장 많이 재배되고 있는 곡물이랍니다.

밀은 쌀과 달리 알갱이 그대로 먹기 어려운 음식이라서, 잘게 갈은 가루로 빵, 국수, 스파게티 등을 만들어 먹는답니다.

이 외에도 밀가루는 비스킷, 케이크 등 여러 가지 과자의 재료로 쓰이고, 맛있는 튀김을 만드는 데도 쓰인답니다.

콩

맛있는 두부, 된장, 유부의 재료가 무엇인지 알고 있나요?

이런 음식은 모두 콩으로 만들어진 음식이랍니다. 콩은 밭에서 나는 곡물이지만, 고기, 달걀, 생선처럼 몸에 좋은 성분이 매우 많이 들어있답니다.

그래서 콩은 밭에서 나는 쇠고기라고도 하고, 콩으로 만든 두부, 유부, 된장 등은 고기나 생선, 달걀의 친구라고도 할 수 있어요.

감자

감자는 약 400년 전에 인도네시아에서 건너온 음식입니다.

감자는 몸을 움직이는 힘을 내는 성분과, 몸의 상태를 좋게 유지해주는 비타민 같은 성분이 많이 들어 있어서 모두가 좋아하는 음식입니다.

감자는 삶아서 그대로 먹어도 맛있지만, 샐러드로 만들거나 기름으로 튀겨서 감자튀김으로 해 먹으면 참 맛있답니다.

고구마

고구마는 감자와 같은 시기에 우리나라에 전래되었습니다.

고구마는 몸을 움직이는 열과 힘을 내주는 성분인 전분과, 비타민C, 식이섬유, 칼륨 등 몸을 지켜주는 성분을 많이 함유하고 있고, 특히 배변을 돕는 역할도 합니다.

고구마는 쪄서 먹을 수도 있고, 튀겨 먹을 수도 있습니다. 겨울에는 따끈따끈하고 맛있는 군고구마를 많이 먹는답니다.

고기

우리들이 즐겨먹는 고기에는 소고기, 돼지고기, 닭고기 등이 있답니다.

고기에는 몸을 쑥쑥 자라게 해주고, 강하게 해주는 단백질이 많이 들어있습니다. 고기는 구이, 찜, 튀김, 국, 찌개 등 여러 가지 방법으로 먹을 수 있습니다.

하지만 고기만 많이 먹으면 영양의 균형이 깨질 수 있답니다. 고기를 먹을 때에는 신선한 채소와 과일을 함께 먹도록 해야 합니다.

우유

사람들은 오래전부터 염소, 소, 말 등의 동물의 젖을 마시고 먹어 왔어요. 농부 아저씨들은 매일매일 소로부터 신선한 우유를 얻는답니다.

우유에는 뼈와 이를 튼튼하게 만드는 칼슘이 매우 많이 들어있답니다. 매일매일 우유 한잔으로 키도 쑥쑥! 건강하게 자라나도록 해요.

유제품

버터, 치즈, 아이스크림, 요구르트는 무엇으로 만들어 지는지 알고 있나요? 이런 음식들은 모두 우유로부터 만들어진답니다.

우유로 만들어진 유제품들은 우유처럼 몸에 중요한 성분을 많이 포함하고 있어요. 우유와 유제품을 매일매일 먹으면 건강한 어린이가 될 수 있답니다.

생선

물고기는 바다에서 잡히는 것과 강에서 잡히는 것이 있는데, 두 종류 모두 셀 수 없을 정도로 많은 수와 종이 있어요.

고등어는 푸른빛을 내는 생선으로 가정에서 많이 먹을 수 있는 생선이에요. 꽁치는 가을에 가장 맛있는 생선이지요. 참치는 통조림으로도 쉽게 먹을 수 있지요.

생선에는 몸을 자라게 하고 튼튼하게 해주는 단백질이나 미네랄, 비타민과 같이 몸에 좋은 성분들이 많이 들어있답니다.

오징어

오징어는 지구에 인간이 살기 훨씬 오래 전부터 바다 속에서 살고 있었답니다. 오징어는 넓은 바다에서 작은 물고기를 먹고 살아요.

오징어는 구워 먹거나 삶아서 먹는 것 외에도, 날로 먹거나 맛있는 튀김으로 먹을 수 있답니다. 여러분은 어떤 것을 가장 좋아하나요?

오징어를 말리면 마른오징어가 된답니다. 마른 오징어는 딱딱하기 때문에, 어린이는 좀 더 커서 이가 단단해진 후에 먹어야 할지도 몰라요. 오징어에는 몸을 튼튼하게 만들어주는 단백질이 많이 들어있어요.

문어

이 괴상한 모양을 한 것이 무엇인지 알고 있나요? 이것은 바다 속에 살고 있는 문어입니다.

문어는 물고기와 달리 뼈나 이가 없어서 연하지만, 그만큼 몸을 이루고 있는 섬유가 강하고 단단하게 만들어져 있어요. 문어는 회나 무침으로 먹을 수 있답니다. 또한 맛있는 어묵의 재료가 되기도 합니다. 여러분은 어떤 음식을 가장 좋아하나요?

달걀

이것은 어린이 여러분이 좋아하는 달걀이에요.

달걀로 만들 수 있는 요리는 부침, 프라이, 오믈렛, 삶은 달걀 등 매우 많은 종류가 있답니다. 삶은 달걀은 바깥쪽은 희고 속은 노랗지요. 흰 부분은 흰자위, 노란 부분을 노른자위라고 부른답니다.

달걀에는 몸을 튼튼하게 하고, 몸의 기능을 좋게 하는 성분이 매우 많이 함유되어 있어요.

호박

약간씩 다른 모양을 가진 이것들은 모두 호박이에요. 친구들 모두 먹어본 적이 있지요?

호박에는 여러 종류가 있는데요, 색이나 모양도 여러 가지에요. 호박에는 몸을 따뜻하게 해주고 힘을 나게 해주는 에너지가 많이 들어 있어요. 또한 나쁜 병으로부터 우리 몸을 지켜주는 비타민도 매우 많이 들어가 있답니다.

호박은 이렇게 친구들의 몸을 튼튼하게 해주는 좋은 성분이 많이 들어있는 좋은 식품이에요.

토마토

토마토는 크기가 큰 것, 작은 것, 빛깔이 붉은 것, 노란것 등 여러 종류가 있어요. 우리나라에서는 토마토는 그냥 먹는 것이 보통이지만, 다른 나라의 친구들은 여러 가지 요리로 만들어 먹기도 한답니다. 가령 집에서 과일채소 샐러드를 만들어 방울토마토를 넣어 먹으면 많이 좋답니다.

토마토는 우리 몸의 상태를 좋게 하고, 나쁜 병으로부터 지켜주는 여러 가지 비타민을 많이 함유하고 있어요. 토마토는 몸에 매우 좋은 과일이니까, 모두들 많이 먹도록 해요.

시금치

만화 주인공 뽀빠이가 즐겨 먹는 음식이 무엇인지 알고 있나요?

그건 시금치라는 채소인데요, 시금치는 채소의 왕이라고 불릴 정도로 몸에 좋은 음식이랍니다. 시금치는 몸에 매우 좋은 비타민과 미네랄을 많이 함유하고 있어요. 건강한 어린이가 되려면 시금치를 많이 먹어야겠지요?

당근

귀엽게 생긴 이 채소는 당근이랍니다.

당근은 볶아서 먹기도 하고, 삶아서 먹기도 한답니다. 또 샐러드에 넣어 먹으면 붉은 빛이 보기도 좋고, 맛도 매우 좋아요. 당근은 채소의 여왕이라고 불려도 좋을 만큼 몸에 소중한 많은 비타민을 함유하고 있어요. 특히 몸속에 들어가서 비타민A라는 성분이 되는 카로틴이 많이 있지요. 당근을 많이 먹어서 예쁘고 건강한 어린이가 되도록 해요.

가지와 오이

왼쪽의 보랏빛 채소는 가지라고 합니다. 가지는 가늘고 긴 것, 둥근 것 등 여러 가지 종류가 있어요.

오른쪽의 기다란 채소는 여러분도 잘 알고 있는 오이에요. 오이는 샐러드에 넣어 먹을 수도 있고, 소박이, 무침으로도 맛있게 먹을 수 있답니다. 가지와 오이는 모두 몸에 좋은 채소들이에요. 가지와 오이를 많이 먹어서 건강한 어린이가 되도록 해요.

양배추

이탈리아라는 나라가 고향인 양배추는 지금은 세계 곳곳에서 즐겨먹는 채소가 되었답니다. 양배추는 봄, 여름, 가을, 겨울 1년 내내 수확됩니다.

커리플라워, 브로콜리 등도 양배추와 같은 종류의 채소이지요. 양배추는 잘게 썰어 돈가스나 튀김과 함께 먹을 수 있고, 볶아 먹거나 삶아서 쌈으로 싸먹어도 매우 맛있답니다.

양배추는 몸을 따뜻하게 해주고 힘이 나게 해주는 당분과, 몸의 컨디션을 좋게 해주는 비타민C 등이 매우 풍부하답니다.

피망

피망은 녹색, 노란색, 붉은색, 큰 것, 작은 것 등 여러 가지 종류가 있답니다. 피망은 프랑스어로 고추를 의미하지만, 피망의 고향은 열대 아메리카랍니다.

피망을 좋아하지 않는 사람들도 있지만, 피망은 몸에 매우 좋은 식품이에요. 피망에는 몸에 소중한 여러 가지 비타민이 많이 포함되어 있고, 식욕을 돋우고 혈액의 흐름을 좋게 하는 성분도 매우 많이 함유되어 있어요. 어린이 여러분도 피망을 즐겨먹어서 건강해지도록 해요.

무와 배추

김치는 세계에서 많은 사람들이 좋아하는 맛있고 건강에도 좋은 우리 고유의 음식입니다. 무와 배추는 김치를 만드는 매우 중요한 채소입니다.

무는 우리나라에서 매우 오래전부터 먹어왔답니다. 무는 무김치나 국으로 먹을 수도 있고, 장아찌 등으로도 맛있게 먹을 수 있어요.

배추 역시 예로부터 즐겨 먹어온 맛있는 채소로 김치의 주재료이며, 김치찌개로 만들어 배추를 더 맛있게 먹을 수도 있습니다.

해초

미역, 다시마처럼 바다에서 나는 식물을 해초라고 합니다. 해초는 뼈와 이를 튼튼하게 하는 칼슘, 피를 만드는 철, 몸 상태를 좋게 하는 여러 가지 비타민 등을 많이 함유하고 있는 바다의 채소랍니다.

미역은 생일날 먹는 미역국으로 가장 즐겨 먹고, 된장국에 넣어 먹거나 절임, 샐러드 등으로도 먹을 수도 있답니다.

다시마는 국에 넣어서 진한 맛을 내준답니다. 모든 종류의 해초는 몸에 좋은 성분을 많이 함유하고 있답니다. 해초를 많이 먹어서 우리 모두 건강해지도록 해요.

기름

엄마는 지금 어떤 음식을 하고 계신가요?

기름을 이용한 맛있는 튀김을 하고 계시네요.

튀김 뿐 아니라 달걀프라이나 나물을 무칠 때도 기름은 다양하게 사용됩니다. 기름은 몸 안에서 적은 양으로도 많은 에너지를 낸답니다. 이 밖에도 기름에는 비타민의 작용을 돕거나 몸을 크게 해주는 중요한 성분이 많이 함유되어 있어요.

2 다양한 요리

밥 짓기

맛있는 밥이 만들어지는 과정을 알아볼까요?

우선 적당한 양의 쌀에 물을 부어서 깨끗이 씻어내는 과정을 3~4회 되풀이합니다. 다 씻은 쌀에 쌀보다 약간 많은 물을 부어서 솥에 불을 붙입니다. 전기밥솥을 이용하는 경우에는 스위치를 켜면 되겠죠? 불을 붙이고 얼마 지나면 솥 안의 물이 끓어서 김이 많이 난답니다. 불을 끈 후에, 김이 나지 않을 때까지 한참 동안 기다리는 것을 뜸을 들인다고 하지요. 충분한 뜸을 들인 후 뚜껑을 열면 맛있는 밥이 완성되어 있답니다.

밥의 종류

주식으로 먹는 밥이지만, 밥이 주재료가 되어 맛나게 먹을 수 있는 많은 요리가 있습니다. 어린이 친구들이 좋아하는 김밥, 주먹밥, 비빔밥, 볶음밥, 카레라이스, 오므라이스, 도리아 등. 여러분은 어떤 음식을 가장 좋아하나요?

밥을 많이 먹으면 몸이 쑥쑥 자라나고, 건강한 어린이가 될 수 있답니다. 모두들 밥을 많이 먹도록 해요.

빵

제과점에 가면 많은 종류의 빵이 있어요.

여러분은 여러 가지 모양의 빵의 이름을 알고 있나요? 네모난 빵은 식빵이에요. 잼에 발라서, 혹은 토스트로 즐겨 먹지요? 가늘고 긴 빵은 바게트라고 부른답니다. 이 외에도 소보로, 국화빵 등 매우 다양한 종류의 빵이 있답니다. 빵은 몸을 크게 하거나 힘을 내주는 에너지가 매우 많이 있답니다.

국수

우리 친구들이 좋아하는 우동, 스파게티, 비빔국수, 라면, 메밀국수입니다.

국수 등의 면 음식은 보통 밀가루로 만들어지고, 우리 몸에 필요한 에너지의 원천이 되는 음식이랍니다. 하지만 맛있다고 해서 라면이나 우동을 너무 많이 먹는 것은 건강에 좋지 않답니다.

달걀요리

달걀로 먹을 수 있는 요리는 매우 많습니다. 프라이팬에 달걀을 깨트려 넣은 후, 기름을 약간 두르고 노른자위가 흰자위의 한가운데 오도록 구우면 맛있는 달걀프라이가 완성됩니다.

이 외에도 달걀찜, 오믈렛, 달걀말이, 스크램블드에그 등의 맛있는 음식 모두 달걀로 만들 수 있는 음식이에요.

고기요리

맛있는 고기요리를 먹으면 기분이 좋아지죠? 고기는 그 종류가 다양한 만큼, 고기로 해먹을 수 있는 요리도 매우 많답니다.

쇠고기 요리는 스테이크와 불고기, 돼지고기 요리는 돈가스, 제육볶음, 장조림 등으로 먹으면 맛있습니다. 또 닭고기는 우리 친구들이 좋아하는 프라이드 치킨, 구이, 백숙, 삼계탕 등으로도 맛있게 먹을 수 있습니다.

고기에는 몸을 자라게 하고 힘을 세게 해주는 여러 가지 성분이 많이 함유되어 있어요. 고기를 먹을 때에는 꼭 신선한 채소와 함께 먹도록 해요.

생선요리

생선으로 만들 수 있는 요리는 매우 다양하답니다. 엄마 아빠가 좋아하는 신선한 회로 먹을 수도 있고, 집에서 자주 먹는 생선구이도 해먹을 수 있답니다.

생선조림은 부드러워서 먹기 쉬운 음식이고, 자반으로 먹어도 매우 맛있답니다. 이 밖에도 생선을 이용해서 만든 전, 생선 튀김 등 생선으로 만들 수 있는 요리는 매우 다양하답니다.

생선에는 몸을 크게 하거나 뼈와 이를 튼튼하게 해주는 성분이 매우 많이 들어 있어요. 몸에 좋은 생선을 많이 먹도록 해요.

3 음식과 우리 몸

식품의 역할

많은 종류의 식품은 각각 다른 역할을 하고 있답니다. 밥이나 빵, 우동, 감자, 기름 등은 몸을 따뜻하게 해주며 힘을 내는 음식입니다.

생선, 고기, 달걀, 두부 등은 피와 근육을 만드는 역할을 해서 우리 몸을 쑥쑥 자라게 해준답니다.

채소, 과일, 해초 등은 몸의 컨디션을 조절해주며, 튼튼한 뼈와 이를 만드는 바탕이 됩니다. 이렇듯 다양한 식품은 모두 우리 몸에서 중요한 역할을 하고 있답니다. 편식을 하지 말고 골고루 먹을 때, 건강한 어린이가 될 수 있답니다.

식품의 기능

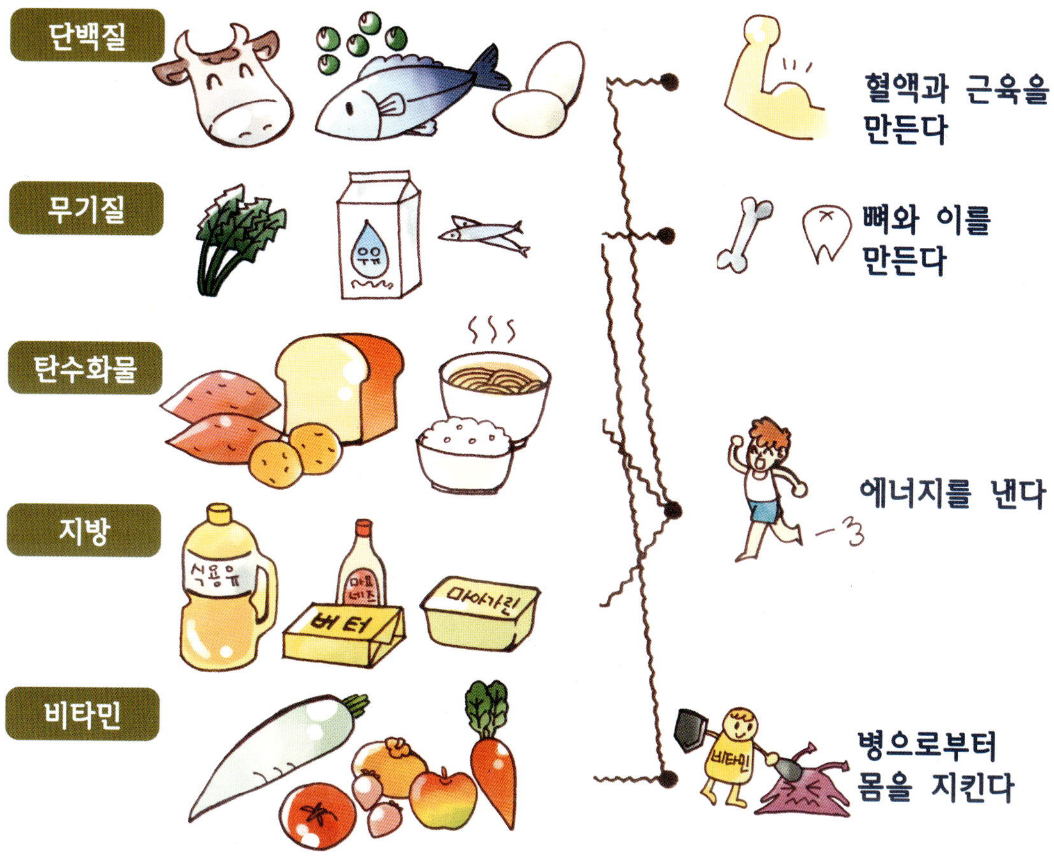

식품에는 여러 가지 영양소가 있어서 각각의 기능을 하고 있답니다.

단백질은 생선, 고기, 달걀 등에 들어있어서 피와 근육을 만든답니다. 우유, 작은 물고기, 해초 등에 들어 있는 무기질은 뼈와 이를 만들고, 빵, 밥, 감자에 많은 탄수화물은 몸을 따뜻하게 해주며 몸을 움직이는 에너지를 내준답니다.

지방은 적은 양으로 많은 에너지를 내주는 영양소로, 버터, 마가린, 식용유, 마요네즈 등에 많고, 과일, 채소에 많은 비타민은 몸의 컨디션을 좋게 하고 나쁜 병으로부터 우리 몸을 지켜주는 역할을 한답니다.

편식하지 않고 음식을 골고루 먹으면 다양한 영양소를 섭취할 수 있답니다.

식품의 에너지

자동차는 어떻게 그렇게 빨리 달릴 수 있을까요? 자동차는 휘발유로부터 힘을 얻어서 움직인답니다.

그렇다면 여러분의 손과 발을 움직이는 힘은 어디서 나올까요? 그건 밥이나 빵 같은 맛있는 음식이 몸 안에서 에너지를 내주기 때문이랍니다. 버터나 튀김, 기름 등도 많은 에너지를 내주는 음식이지요. 휘발유 없이 자동차가 움직이지 않는 것처럼, 에너지가 되는 음식을 먹지 않으면 사람의 몸도 잘 움직일 수 없답니다. 그러니까 식사 때는 밥을 꼭꼭 씹어서 잘 먹도록 해요.

밥과 빵의 에너지

공을 차거나 무거운 것을 들어 올리는 힘은 어디에서 나오는지 알고 있나요? 이것은 밥, 빵, 감자 같은 식품이 몸 안에서 힘의 근원이 되는 에너지를 내주기 때문이랍니다.

식사 때 밥이나 빵, 감자 등을 잘 먹으면 많은 에너지가 만들어져서 힘이 나지만, 반대로 잘 먹지 않으면 힘이 나지 않아요. 우리 친구들도 이런 음식을 잘 먹어서 항상 힘 있는 어린이가 되도록 해요.

힘을 내는 식품

즐거운 운동회, 친구들이 줄다리기를 하고 있네요. 밥, 빵, 감자 친구들이 응원하고 있는 청군이 이길 것 같죠? 강한 힘을 내주는 음식은 밥, 빵, 감자 등의 식품이에요. 마아가린, 기름, 마요네즈 등의 식품도 체내에서 많은 에너지를 내지요. 힘이 센 어린이가 되고 싶다면 이런 식품과 친해지도록 해요.

튼튼한 몸과 식품

친구들 중에는 튼튼하고 기운 센 친구들이 있는가 하면, 쉽게 감기에 걸리거나 자주 배탈이 나는 친구들이 있지요?

이러한 친구들의 차이는 바로 먹는 음식에 있답니다. 몸을 튼튼하게 해주는 음식은 생선, 고기, 달걀, 두부 같은 것이랍니다. 병에 걸리지 않고 튼튼한 몸을 만들기 위해서는 여러 가지 음식을 골고루 먹도록 해요.

단백질과 몸

우리 몸은 무엇으로 만들어져 있는지 알고 있나요?

우리 몸은 바로 단백질이라는 영양소로 만들어져 있어요. 단백질은 생선, 고기, 달걀, 두부 등에 많이 들어 있답니다. 이러한 식품을 많이 먹으면 몸이 쑥쑥 자라고 튼튼해진답니다. 생선과 고기를 싫어하면 몸이 약한 아이가 된답니다. 여러분도 이런 식품을 많이 먹어서 튼튼한 어린이가 되도록 해요.

건강을 지켜주는 단백질

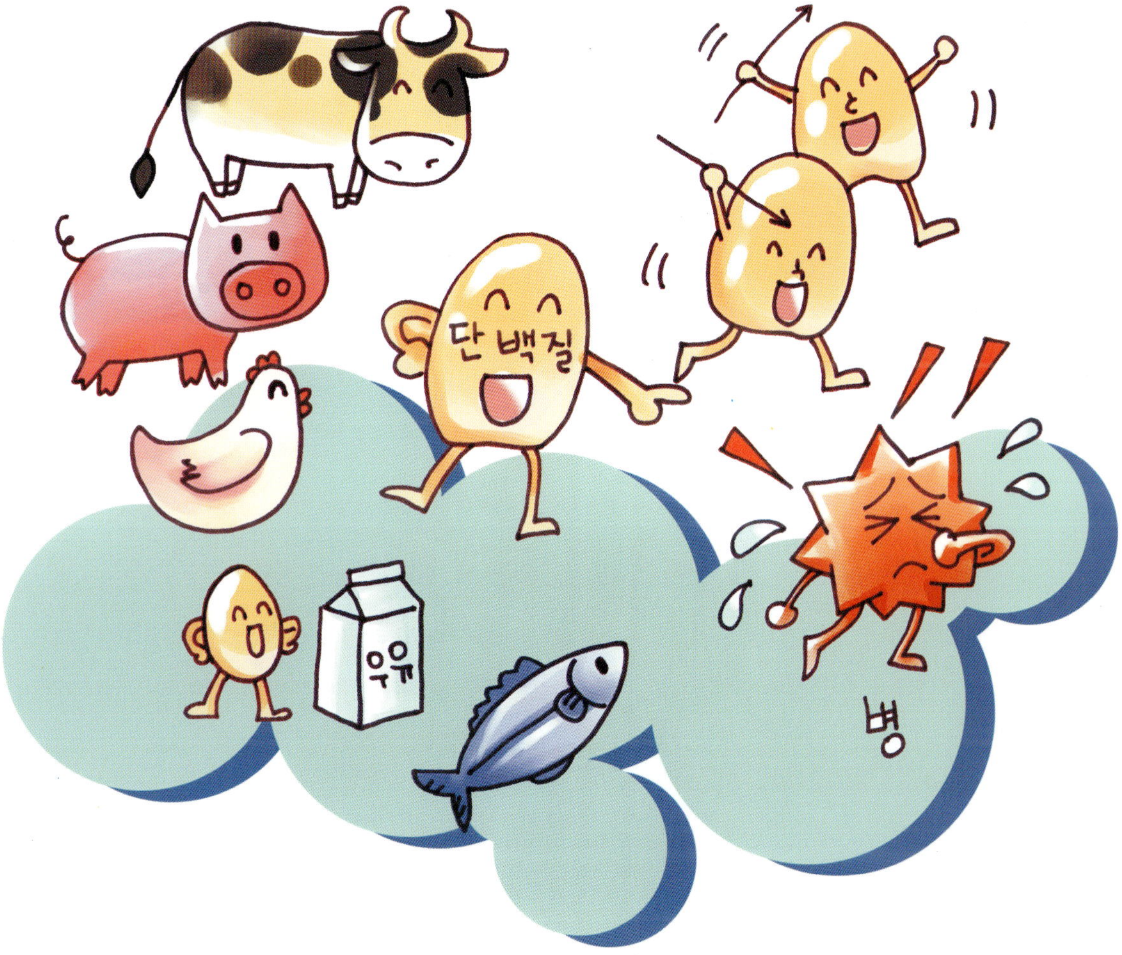

고기나 생선, 달걀, 콩에 많이 들어있는 단백질은 병으로부터 우리 몸을 지켜 준답니다. 이런 식품을 잘 먹으면 병에 걸리지 않는 튼튼한 몸이 되지만, 이런 식품을 많이 먹지 않으면 단백질이 부족해져서 병에 걸리기 쉬워진답니다. 여러분도 단백질이 들어 있는 식품을 많이 먹어서 튼튼한 어린이가 되도록 해요.

에너지를 내주는 기름

튀김을 만드는 식용유, 샐러드에 넣는 마요네즈, 빵에 발라먹는 버터나 마가린은 모두 기름종류의 음식입니다. 기름에는 지방이라는 영양소가 많이 들어있어요. 지방은 걷거나 달릴 때 몸을 움직이는 에너지를 나게 해주지요. 기름은 밥이나 빵, 감자 등에 비해서 적은 양으로도 많은 에너지를 내준답니다. 이 밖에도 기름은 몸을 크게 해주거나 기운이 나게 하는 일을 하지요.

몸을 자라게 하는 기름

기름에는 여러 가지 종류가 있어요. 튀김을 만들 때 쓰는 기름, 빵에 바르는 버터나 마아가린, 샐러드에 넣는 마요네즈, 고소한 맛을 내주는 참기름까지! 모두 기름 종류의 음식이랍니다.

기름은 몸을 움직이는 힘을 내주는 것 말고도 중요한 일을 한답니다. 기름에 많이 들어있는 지방산이라는 성분은 여러분의 몸을 쑥쑥 자라나게 해준답니다. 하지만 너무 많이 먹으면 살이 찔 수 있으니까, 기름이 들어간 음식은 적당히 먹도록 해요.

튼튼한 뼈와 이

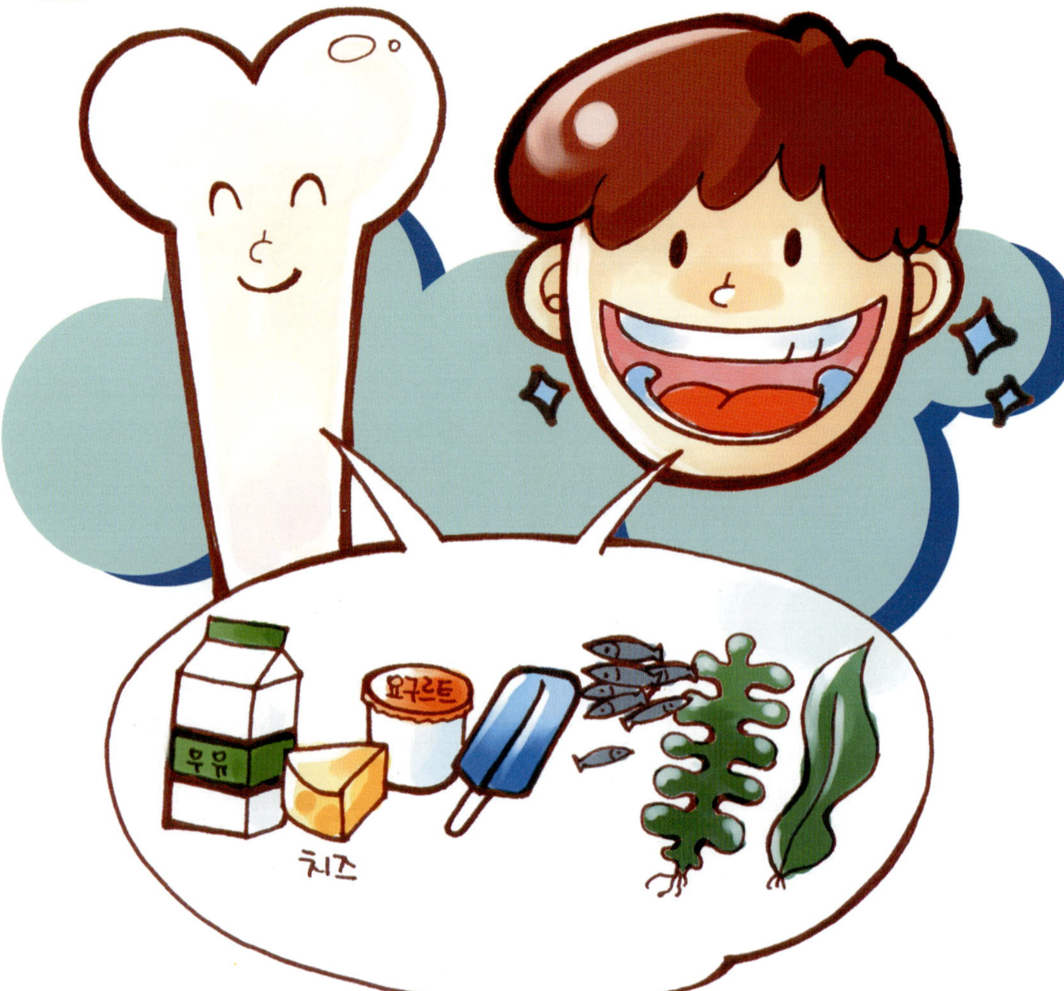

뼈는 우리의 몸을 지탱해준답니다. 뼈가 약하면 쉽게 부러질 수 있어요.

또, 맛있는 음식을 꼭꼭 씹어서 먹기 위해서는 이가 튼튼해야 합니다. 뼈와 이는 모두 칼슘으로 만들어져 있어요. 그러니까 뼈와 이를 튼튼하게 하기 위해서는 칼슘을 많이 먹어야 해요. 칼슘은 우유, 요구르트, 멸치 등 뼈째 먹을 수 있는 작은 생선, 미역, 김 등에 많이 들어있답니다.

뼈의 건강과 칼슘

우리 몸을 지탱하는 뼈와, 맛있는 음식을 꼭꼭 씹어 먹을 수 있게 해주는 이는 칼슘으로 만들어져 있어요.

칼슘은 우유나 치즈, 작은 물고기, 해초 등에 많이 포함되어 있답니다. 이런 음식을 많이 먹으면 뼈가 이가 튼튼해진답니다. 하지만 이런 음식을 싫어해서 먹지 않으면 뼈와 이는 약해지지요. 충치 없는 튼튼한 이와 건강한 뼈를 만들기 위해서는 칼슘이 풍부한 식품을 많이 먹도록 해요.

뼈가 싫어하는 식품

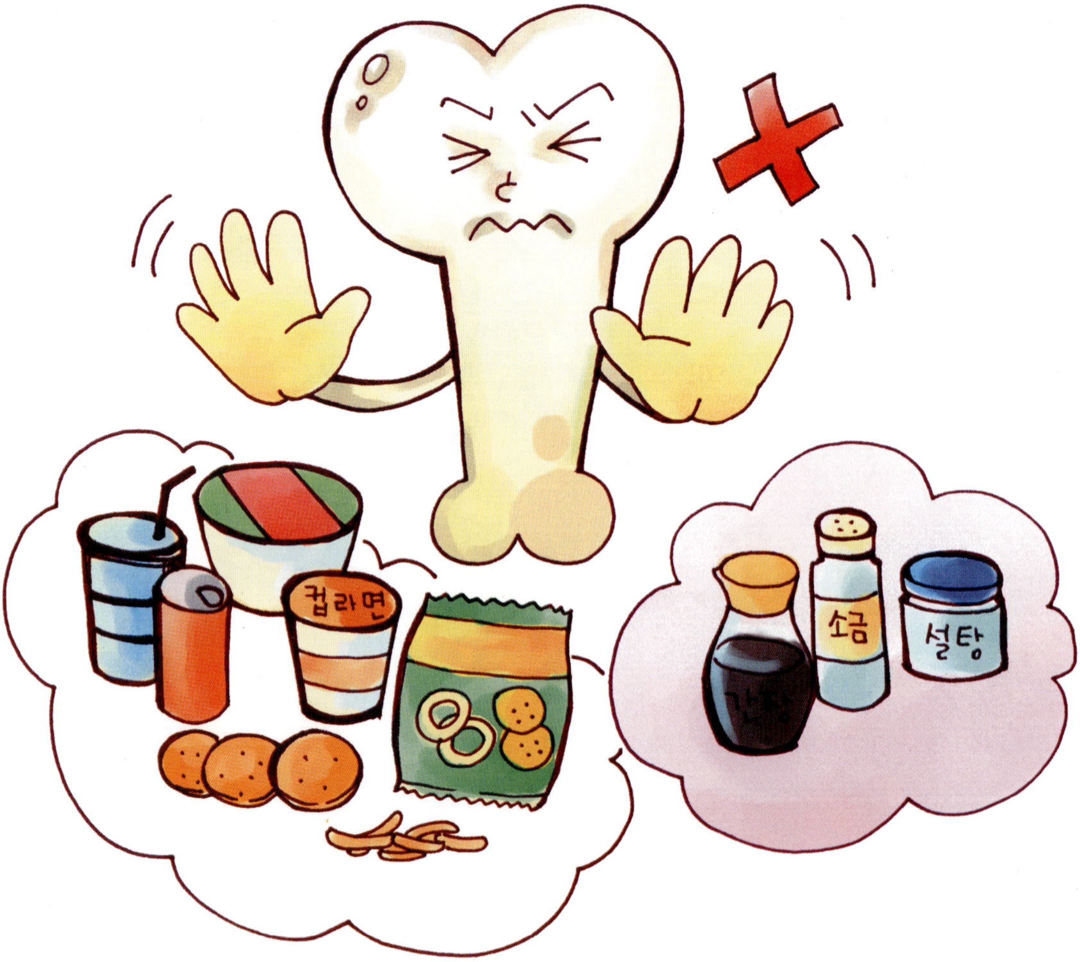

뼈와 이를 단단하게 해주는 칼슘은 인이라는 성분이 많이 들어 있는 가공식품, 인스턴트식품, 음료 등을 싫어한답니다. 인을 많이 먹으면 혈액 속의 칼슘이 자꾸 낭비돼서 부족해지기 때문이지요.

또 설탕이 많이 들어있는 과자나 음료, 소금이 많은 식품을 많이 먹으면 칼슘이 부족해진답니다.

어린이 여러분, 뼈가 싫어하는 식품은 너무 많이 먹지 않도록 해요.

비타민

우리 친구들은 비타민이라는 말을 들어본 적 있나요?

비타민은 몸의 컨디션을 좋게 하고, 병으로부터 몸을 지키기 위해서 꼭 필요한 영양소에요. 몸에 필요한 비타민의 양은 굉장히 적지만, 부족하면 병에 걸리기 쉽고 몸의 상태가 나빠지게 되지요. 비타민은 몸 안에서 만들어지지 않고, 꼭 음식을 통해서만 생긴답니다. 우리 모두 음식을 골고루 먹어서 건강한 몸을 만들도록 해요.

몸을 지키는 비타민

생선이나 고기, 달걀을 많이 먹으면 튼튼한 몸을 만들 수 있어요. 또 우유나 치즈를 많이 먹으면 튼튼한 이와 건강한 뼈가 만들어지지요. 하지만 건강한 몸의 상태를 좋게 하려면 비타민이 반드시 필요하답니다.

비타민은 매우 적은 양만 있으면 되지만, 이것이 부족하면 감기에 걸리기 쉽고 어두운 곳에서 눈이 보이지 않게 된답니다. 이처럼 몸에 중요한 비타민은 채소, 과일, 버섯 같은 음식에 많이 포함되어 있어요. 이런 음식을 싫어하지 말고 많이 먹어서 건강한 어린이가 되도록 해요.

신체의 기능과 비타민

비타민에는 여러 종류가 있어서 각각 다른 기능을 하고 있어요.

비타민A는 달걀의 노른자나 버터, 당근, 시금치, 호박 등에 많이 들어있어요. 몸의 피부나 점막을 보호해서 병으로부터 우리 몸을 지켜주지요.

비타민C는 신선한 과일이나 채소에 많이 들어있어요. 신체의 가는 혈관을 튼튼하게 해주거나 뼈와 이를 건강하게 해주지요.

비타민B_1은 쌀, 보리, 콩, 돼지고기 등에 많이 들어있답니다. 비타민B_1이 부족하게 되면 다리가 부어오르거나 입 언저리에 뾰루지가 날 수 있어요.

친구들도 음식을 가리지 말고 먹어서 비타민이 부족하지 않도록 해요.

뇌의 건강

똑똑한 어린이가 되려면 뇌가 건강해야 해요. 뇌는 음식에 들어있는 단백질이나 지방, 미네랄과 같은 성분으로 만들어져 있어요.

뇌를 움직이는 에너지는 밥이나 빵으로부터 만들어진 포도당이라는 성분으로부터 나온답니다. 때문에 아침밥을 먹지 않고 유치원에 오거나, 점심밥을 맛있게 먹지 않으면 쉽게 졸리고, 선생님께 배운 것을 금방 잊어버리게 되죠. 또 건강한 뇌를 위해서는 채소, 해초, 우유 등에 많이 들어있는 무기질과 비타민이라는 성분도 필요하답니다.

소중한 물

운동을 해서 땀을 흘리면 목이 마르고 물을 마시고 싶지요? 목이 마르다고 느끼는 것은 몸에 물이 부족하니까 빨리 물을 마시라고 머릿속의 뇌가 알려는 것이랍니다.

사람의 몸을 만들고 있는 성분 가운데 가장 많은 것이 물이에요. 물은 몸 안에서 여러 가지 중요한 일을 하고 있어서 물이 없으면 사람은 살아갈 수 없답니다. 목이 말랐을 때는 주스 같은 음료수 말고, 시원한 물을 마시도록 해요. 설탕이 많은 음료수보다는 시원한 물이 건강에 훨씬 좋답니다.

어린이식교육

4 식품과 건강

식품의 종류와 역할

우리들이 먹는 여러 가지 음식은 몸 안에서 각각 다른 일을 합니다.

예를 들어 단백질은 피와 살을 만들거나 뼈와 이를 만드는 재료가 되며, 비타민과 무기질은 몸의 컨디션을 조절하고 몸을 움직이는 힘이 나게 해준답니다.

따라서 음식은 여러 가지 종류를 골고루 먹는 것이 중요합니다.

다양한 식품

몸은 여러 가지 식품에 들어 있는 성분으로 구성되어 있습니다.

몸을 따뜻하게 하고, 몸을 움직일 수 있는 힘을 내주는 것은 밥과 빵 등에 들어 있는 에너지에 의한 것입니다. 피와 근육을 만들어 주는 것은 생선과 고기, 달걀 등에 많이 들어 있습니다. 이와 뼈를 만들어주는 칼슘은 우유와 채소, 김과 미역 등에 많이 들어 있습니다. 이처럼 몸에 필요한 영양소는 여러 가지가 있으며 다양한 음식에 나누어 들어 있습니다.

매일 매 끼니마다 여러 종류의 음식을 균형 있게 먹는 것이 중요하겠죠?

음식이 부족하면

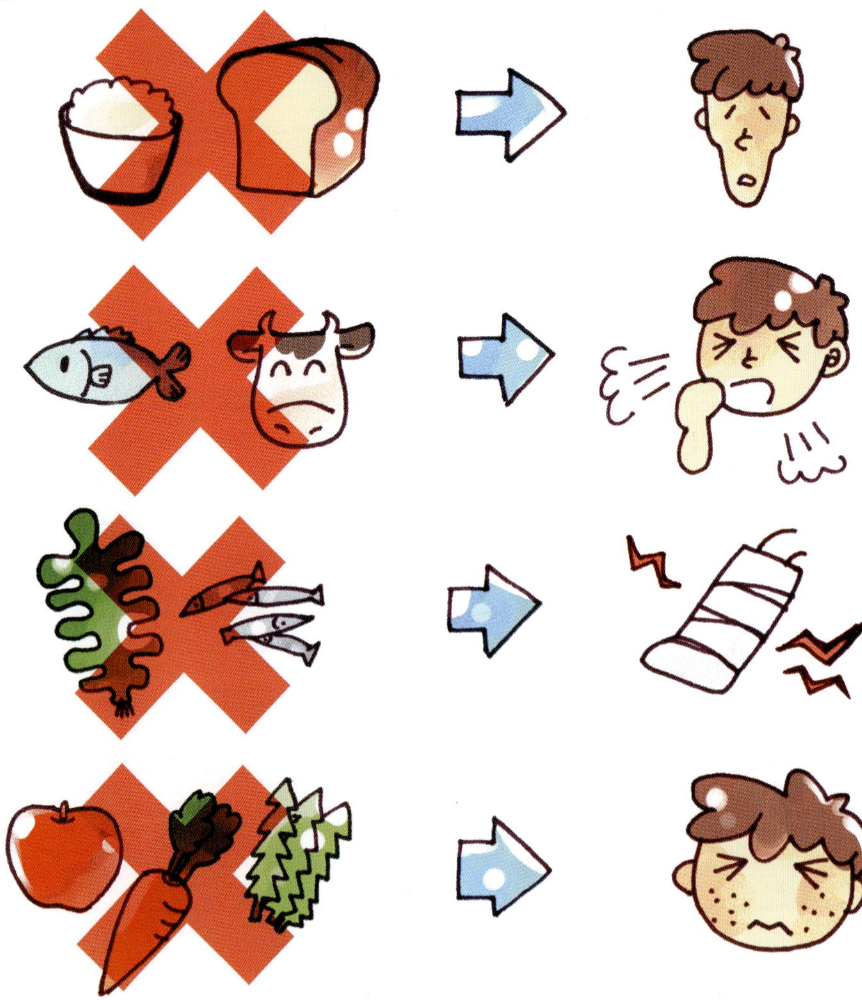

음식물은 여러 종류의 병으로부터 몸을 지켜줍니다.

밥, 빵, 우동, 감자 등을 잘 먹지 않으면 몸이 병에 걸리기 쉬워집니다. 생선, 고기, 달걀, 두부 등이 부족하면 감기에 걸리거나 빈혈이 될 수 있지요.

우유, 뼈째 먹는 생선, 다시마, 미역 등이 부족하면 뼈가 부러지거나 충치가 생길 수 있어요. 채소와 과일이 부족하면 입에 종기가 생기거나 눈병에 걸리기 쉬워요. 다양한 음식을 먹어서 건강한 몸을 만들도록 해요.

나쁜 병 예방하기

나쁜 병에 걸리지 않고 건강한 어린이가 되기 위해서는 먹는 방법도 신경을 써야 해요.

너무 단 음식이나 음료수를 많이 먹으면 충치가 생기고 뼈가 약해지지요. 음식을 먹을 때 잘 씹지 않고 빨리 먹거나 많이 먹으면 배가 아프답니다. 밤늦게 간식을 먹거나 단 음료를 마시면 살이 찌고, 충치가 생길 수 있답니다.

균형 잡힌 식사

각각의 식품은 영양소의 종류와 양이 각각 다르게 들어있습니다.

예를 들어 쌀이나 보리, 감자 등은 열과 힘을 내주는 성분을 많이 가지고 있어요. 생선, 고기, 달걀, 두부 등은 피와 근육을 만드는 성분을 가지고 있지요. 우유나 뼈째 먹는 생선, 행초 등에는 뼈와 이를 만드는 성분을 가지고 있지요. 그리고 채소나 과일에는 몸의 상태를 좋게 하는 성분이 많이 들어 있어요. 그러니까 다양한 식사를 균형 있게 먹는 것이 중요합니다.

식품의 색

음식물은 각각 다른 색과 역할을 가지고 있어요.

노란색 음식에는 밥, 빵, 감자, 기름 등이 있어요. 이것들은 몸을 따뜻하게 해주고, 몸을 움직이는 힘을 내주는 에너지를 내준답니다.

빨간색 음식은 생선, 고기, 달걀, 우유 등이에요. 이것들은 피와 살이 되고 몸을 만드는 중요한 성분이 많답니다.

초록색은 채소와 과일 등이에요. 몸의 상태를 좋게 해줘서 나쁜 병으로부터 몸을 보호해줍니다. 음식을 먹을 때에는 좋아하는 것만 많이 먹지 말고, 노란색, 빨간색, 초록색의 3가지 종류의 음식을 골고루 먹어야 해요.

몸에 좋은 음식

음식에는 몸에 필요한 영양소가 들어 있기 때문에 모든 음식은 골고루 먹는 것이 좋아요. 하지만 때로는 너무 많이 먹으면 몸에 좋지 않은 음식들도 있답니다. 우유, 당근, 시금치, 다시마, 미역 등은 많이 먹을수록 좋지만, 자칫 하면 먹는 양이 부족해질 수도 있어요. 건강하고 튼튼한 어린이가 되려면 부족해지기 쉬운 음식과도 사이좋은 친구가 되도록 해요.

이 음식은 적당히

다양한 음식 가운데에는 너무 많이 먹으면 안 되는 음식들도 있어요. 예를 들어 설탕이 많이 들어 있는 과자나 음료수, 기름이 많이 들어간 과자나 햄버거, 소금이 많이 들어 있는 음식 등이랍니다.

설탕이 많이 들어간 과자나 음료수를 너무 많이 먹으면 몸에 지방이 쌓여 살이 찌거나 충치가 되기 쉽답니다. 기름이 많이 들어간 과자는 몸 안에 혈관을 상하게 한답니다. 소금이 많이 들어간 것을 너무 많이 먹으면 몸에 여러 가지 좋지 않은 일이 생길 수 있어요. 이런 음식은 항상 조금씩만 먹도록 해요.

밥과 건강

쌀로 만든 밥은 매일 먹어도 싫증이 나지 않는 맛있는 음식이랍니다.

밥은 아주 오래전부터 먹어온 음식으로, 밥에는 몸에 중요한 영양소가 많이 들어 있어요. 특히 밥에는 힘을 내는 에너지를 만드는 전분이 들어 있어서, 밥을 잘 먹으면 강한 힘을 낼 수 있답니다.

또 밥에는 몸을 쑥쑥 자라나게 해주는 단백질도 많이 들어 있어요. 밥을 많이 먹어서 건강하고 튼튼한 어린이가 되도록 해요.

밭에서 나는 고기 콩

두부나 청국장, 된장 같은 음식은 모두 콩으로 만든 음식이랍니다. 콩은 밭에서 자라지만, 고기나 생선, 달걀같이 몸에 소중한 단백질이 많이 들어 있어요. 그래서 콩은 밭에서 나는 고기라고 불린답니다.

우유와 건강

젖소에서 나오는 우유는 키가 크는 데 필요한 영양소가 많이 들어 있어요. 그 중에서도 이와 뼈를 튼튼하게 해주는 칼슘이 다른 식품에 비해 많이 들어 있지요.

그 밖에 우유에는 몸을 단단하게 하는 단백질이나 몸의 상태를 좋게 하는 비타민 등의 여러 가지 영양소가 들어 있답니다. 요구르트, 치즈 등은 모두 우유에서 만들어진 음식으로 우유처럼 몸에 좋은 성분이 많이 들어 있어요. 우유는 몸에 대단히 좋은 식품이니까 매일 한 잔 이상씩 꼭 마시도록 하세요.

충치와 설탕

충치를 만드는 충치균은 설탕을 아주 좋아합니다. 설탕이 입 안에 오래 남아 있으면 충치균이 자꾸 늘어나서 소중한 이에 구멍을 뚫지요.

그러니까 단 과자나 음료는 너무 많이 먹지 않도록 조심해야 해요. 또 단 것을 먹거나 마신 후에는 반드시 양치질을 해서 입안을 깨끗이 해야 합니다.

우유와 칼슘

여러분은 우유를 좋아하나요, 아니면 별로 좋아하지 않나요?

우유에는 몸에 중요한 성분이 많이 들어 있지만, 그 중에서도 뼈나 이를 튼튼하게 해주는 칼슘이 많이 들어 있답니다. 같은 100g 속에 들어 있는 칼슘의 양을 비교하면 달걀은 우유의 반 정도, 돼지고기는 20분의 1밖에 들어 있지 않아요. 여러분도 우유를 많이 마셔서 튼튼한 몸을 만들도록 해요.

건강한 뼈와 우유

여러분이 늘 마시는 우유는 소의 몸에서 나오는 젖이랍니다. 소는 넓은 목장에서 풀을 먹고 많은 젖을 만든답니다.

설탕이 들어있는 단 음료는 이와 뼈를 약하게 하므로 너무 많이 마시지 않는 것이 좋지만, 우유는 뼈와 이가 좋아하는 식품이랍니다. 우유에 들어 있는 칼슘은 이와 뼈를 튼튼하게 해주므로 모두들 우유를 많이 먹도록 해요.

채소와 과일

건강하고 재밌게 놀기 위해서는 몸의 컨디션이 좋아야 해요. 채소와 과일에 많이 들어 있는 비타민은 몸의 기능을 좋게 해준답니다. 채소나 과일을 많이 먹는 아이는 언제나 건강해서 감기에 잘 걸리지 않지요.

우리 친구들 모두 채소나 과일을 즐겨 먹어서 건강한 어린이가 되도록 해요.

몸에 좋은 채소

채소는 당근, 양배추, 무, 시금치, 토마토 등 여러 종류가 있답니다. 여러분은 몇 가지의 채소를 알고 있나요?

채소에는 몸의 상태를 좋게 해주는 비타민이나 무기질이 많이 들어 있어요. 특히 당근, 시금치, 호박 등 껍질뿐 아니라 속까지 녹색이나 노란색이 짙은 채소에 많이 들어 있지요. 채소를 많이 먹으면 몸의 컨디션이 좋아져서 병에도 잘 걸리지 않는답니다. 우리 모두 다양한 색깔의 채소를 즐겨 먹어서 건강한 어린이가 되도록 합시다.

당근의 비타민

당근에는 병을 만드는 세균을 물리치는 영양소가 많이 들어 있어요.

당근이 강한 이유는 우리들의 몸을 지켜주는 비타민이 많이 들어있기 때문이지요. 당근 속에 들어 있는 비타민은 기름과 같이 먹으면 더욱 강해진답니다. 기름을 사용한 당근 요리는 볶음, 튀김 등 여러 가지가 있어요. 맛있는 당근을 많이 먹어서 건강한 어린이가 되도록 합시다.

토마토

맛있는 토마토는 과일일까요, 아니면 채소일까요?

정답은 채소랍니다. 토마토의 빨간색에는 나쁜 세균으로부터 우리 몸을 지켜주는 비타민이 많이 들어있어요. 그래서 토마토를 좋아하는 어린이들은 건강하고 병에도 지지 않는답니다. 토마토는 상큼한 냄새가 나기 때문에 케첩이나 주스로도 만들어 먹을 수 있답니다.

채소와 친해지기

다양한 종류의 채소는 모두 우리 몸에 귀중한 비타민과 무기질을 가지고 있습니다. 채소의 종류에 따라서 비타민이나 미네랄의 종류와 양이 각각 다르기 때문에 한 가지 채소를 많이 먹는 것보다는 여러 가지 채소를 조금씩 섞어서 먹는 것이 몸에 좋답니다.

또 채소에는 뱃속을 깨끗이 해주는 섬유소도 들어 있어요. 여러분도 다양한 종류의 채소와 친해지도록 해요.

채소와 치아건강

셀러리는 단단해서 잘 먹지 못하는 친구들이 있지요? 색이 예쁘지 않고 단단한 우엉도 마찬가지지요. 하지만 이런 채소에는 몸에 좋은 섬유소가 많이 들어 있답니다.

섬유소를 잘 씹고 있으면 이와 잇몸을 깨끗이 청소해준답니다. 이와 잇몸이 깨끗해지면 충치균은 싫어서 도망가 버리지요. 튼튼한 이를 만들기 위해서는 이런 단단한 채소도 많이 먹어줘야 한답니다.

우엉과 연근

가늘고 빛깔이 검은 채소는 우엉이랍니다. 그 옆의 것은 연근이고요.

우엉은 조금 딱딱해서 좋아하지 않는 사람들도 있어요. 또 연근은 흐물흐물하기 때문에 좋아하는 사람이 적은 편이지요. 하지만 우엉이나 연근에는 몸에 좋은 섬유소가 많이 들어 있답니다. 섬유소는 장 속을 깨끗하게 청소해주는 영양소랍니다. 이 때문에 우엉이나 연근을 많이 먹으면 뱃속이 편안해져서 늘 맛있는 식사를 할 수 있지요. 여러분도 우엉이나 연근을 먹어서 건강한 몸을 만들도록 합시다.

몸에 좋은 생선기름

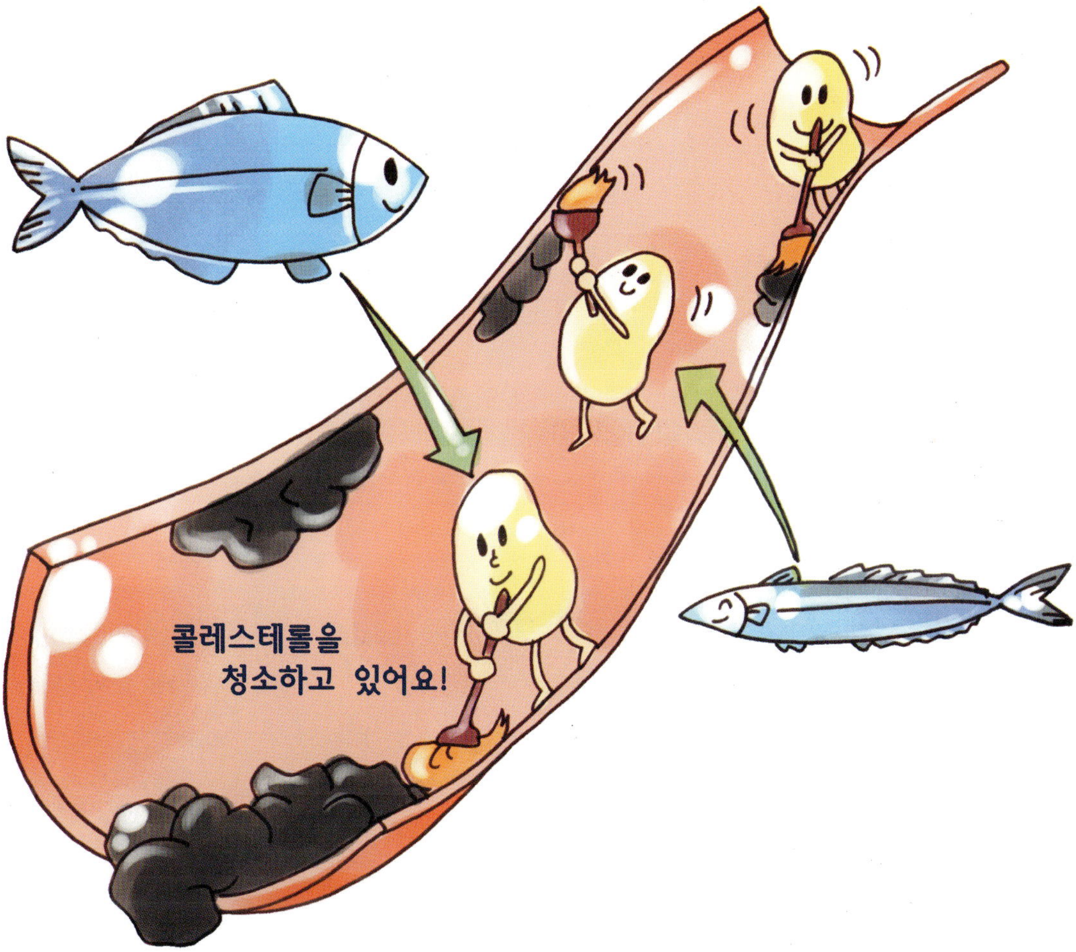

고등어, 꽁치 같은 등 푸른 생선에는 몸을 튼튼하게 해주는 단백질이나 미네랄, 비타민, 지방이 많이 들어 있답니다. 이러한 생선들의 기름은 혈관의 벽에 달라붙어 있는 콜레스테롤을 청소해주는 일을 하지요.

그래서 생선을 많이 먹으면 여러분이 어른이 되었을 때 심장병 같은 병에 걸리지 않을 수 있답니다. 여러분도 신선한 생선을 많이 먹도록 해요.

편식하지 말기

음식을 먹을 때 좋아하는 음식만 많이 먹고 편식을 하면은 튼튼한 몸이 될 수 없답니다. 우유를 많이 마시고, 당근이나 토마토 등 채소를 많이 먹어야 해요. 싫어하는 음식은 조금씩 먹도록 노력하면은 차차 맛있게 먹을 수 있게 된답니다. 또 너무 좋아한다고 같은 것만 편식하면 몸이 약해질 수 있어요.

여러분도 좋아하는 음식만 많이 먹지 말고 어떤 음식이나 맛있게 먹을 수 있도록 합시다.

편식하지 않는 어린이

건강한 아이는 병균을 물리칠 수 있어요. 어떻게 해서 이렇게 강할까요? 그것은 먹는 것에 대해 좋다 싫다 가리지 않고 무엇이나 잘 먹기 때문이지요.

가리지 않고 잘 먹으면 몸은 건강해지고 반대로 좋아하는 것만 먹으면 몸은 약해집니다.

여러분도 음식물을 가리지 말고 튼튼한 몸을 만듭시다.

편식과 건강

건강한 어린이는 쉽게 병균을 물리칠 수 있답니다. 그럼 어떻게 건강해질 수 있을까요?

건강한 어린이의 비밀은 편식하지 않고 모든 음식을 골고루 먹는 것이랍니다. 편식하지 않고 잘 먹으면 몸은 건강해지지만, 반대로 좋아하는 음식만 먹으면 몸은 약해진답니다. 여러분도 편식하지 말고 모든 음식을 골고루 잘 먹는 건강한 어린이가 되도록 합시다.

매일 우유를 마셔요

우유에는 뼈나 이를 만드는 칼슘이 많이 들어 있어요. 뼈 속의 칼슘은 조금씩 새로 바뀌기 때문에 부족하면 뼈가 충분히 자라지 않게 되어 약해지고 맙니다.

여러분도 튼튼한 뼈나 이를 만들기 위해서는 칼슘을 잘 섭취하는 것이 중요하지요.

그 때문에 집에서도 매일 우유를 마십니다. 치즈나 야쿠르트도 우유 종류로 칼슘이 많이 들어 있으므로 많이 먹도록 합시다.

짜지 않게 먹어요

소금은 매우 적은 양으로도 몸속에서 중요한 일을 할 수 있답니다. 하지만 소금을 많이 먹으면 오히려 몸에 좋지 않은 일이 생길 수 있답니다. 예를 들면 혈관이 약해지거나 심장에도 좋지 않아요.

따라서 소금이 많이 들어 있는 국 같은 음식은 많이 먹지 않도록 해야 해요. 라면이나 우동을 먹을 때 국물은 마시지 말고 남기도록 해야 합니다.

몸을 움직여요

사람은 움직이는 동물이니까 운동을 많이 하면 여러 가지 몸에 좋은 일이 생겨요. 예를 들면 운동을 하면 뼈가 굵고 튼튼해집니다. 근육이 많아져서 튼튼한 몸이 되지요. 피가 흐르고 있는 혈관이 튼튼해집니다. 심장이나 폐의 기능도 좋아지지요. 운동을 하면 에너지를 많이 쓰기 때문에 배가 고파져서 식사를 맛있게 먹게 됩니다.

여러분도 몸을 많이 움직여서 튼튼하고 강한 몸을 만듭시다. 그리고 음식도 좋다, 싫다 가리지 말고 잘 먹도록 합시다.

운동과 건강

튼튼하고 건강한 몸을 만들기 위해서는 몸을 많이 움직이면서 운동해야 합니다. 운동을 하면 뱃속에 들어간 음식의 소화도 잘 되고, 근육이 붙고 뼈도 굵고 튼튼해진답니다. 또 몸에 붙어 있는 쓸 때 없는 쌀도 빠질 수 있고 심장이 튼튼해집니다. 그리고 운동을 하면 배가 고파져서 식사를 맛있게 할 수 있게 되지요. 날씨가 좋은 날은 집 밖으로 나가서 운동을 많이 합시다.

걷기와 달리기

사람은 걷거나 달리면 몸의 컨디션이 좋아진답니다. 반대로 몸을 움직이지 않고 뒹굴기만 하면 몸의 컨디션도 나빠지지요. 튼튼한 몸으로 건강하게 생활하기 위해서는 운동으로 몸을 움직이는 것이 중요해요. 언제 어디서나 쉽게 할 수 있는 운동은 걷는 것과 뛰는 것이랍니다. 여러분도 자주 걷고 자주 뛰도록 하세요.

운동과 비만

음식을 잘 먹고 운동을 하지 않으면 몸에 지방이 쌓여서 살이 찌고 뚱뚱해 진답니다. 몸을 많이 움직이지 않으면 남은 에너지가 지방으로 변해 몸에 쌓이기 때문이지요. 집안에서 텔레비전을 보면서 간식을 먹으며 뒹굴거리는 것은 가장 좋지 않은 습관입니다. 날씨가 좋은 날에는 집안에만 있지 말고 밖으로 나가도록 해요. 몸을 많이 움직이면 과자를 많이 먹어도 지방은 쌓이지 않아요. 운동을 많이 해서 크고 튼튼한 몸을 만들도록 합시다.

5 맛있는 간식

간식과 손 씻기

바깥에서 놀거나 여러 가지를 만지는 동안에는 손에 많은 세균이 묻게 된답니다. 이런 세균 중에는 배탈을 나게 하는 것도 있고, 여러 가지 병을 옮기는 세균도 있답니다. 따라서 간식을 먹을 때에는 꼭 손을 씻고 먹어야 해요.

손을 씻을 때에는 비누를 묻혀서 깨끗이 씻어야 합니다. 손바닥 뿐 아니라 손가락과 손가락 사이도 깨끗이 씻도록 해요. 손을 씻은 다음에는 깨끗한 손수건으로 잘 닦도록 합시다.

규칙적인 간식

시계가 가리키고 있는 3시는 즐거운 간식시간입니다. 간식은 하루 세 끼 식사의 일부분이랍니다. 그래서 항상 정해진 시간이 먹는 것이 좋습니다.

간식을 느릿느릿 먹으면 다음 식사를 먹지 못하게 됩니다. 또 먹는 음식의 찌꺼기가 입안에 남기 때문에 소중한 이가 충치가 되지요.

간식을 다 먹고 난 뒤 바로 양치질을 합시다.

일정한 간식

여러분은 어떻게 간식을 먹고 있나요? 간식은 식사와 그 다음 식사의 중간에 먹는 것이 좋습니다. 간식도 하루 세 끼 식사의 일부분이기 때문이지요.

그래서 식사 직전이나 직후에는 먹지 말도록 합시다. 또 먹는 양도 매일 일정하게 하도록 하고, 식사하듯이 너무 천천히 먹는 것은 좋지 않아요.

특히 과자 한 봉지를 다 먹어 버리면 다음 식사를 맛있게 먹지 못하게 되니까 조심하세요. 간식은 정해진 시간에 어머니께서 주신 양만큼만 먹도록 합시다.

간식은 조용히!

간식을 먹을 때는 식사 때와 똑같이 정해진 장소에서 얌전하게 먹는 것이 좋습니다. 길을 걸으면서 먹거나 공원 같은 데서 놀면서 먹고 마시는 것은 좋지 않아요. 장난하면서 먹으면 간식에 여러 가지 세균이 묻어서 뱃속에 들어가 병에 걸릴 수 있죠.

또 먹는 일에 열중하다가 넘어지거나 부딪쳐 다칠 수 있어요. 우리 모두 조심하도록 해요.

우유와 간식

간식을 먹을 때는 우유도 함께 마십시다. 항상 단 과자와 단 음료, 과일만을 간식으로 먹으면 튼튼한 몸이 되지 못해요. 우유에는 이나 뼈를 만들거나 몸을 튼튼하게 하는 성분이 들어 있으므로 간식 때 우유도 함께 마셔서 건강한 몸을 만듭시다.

간식은 적당히!

집에서 간식을 먹을 때에는 너무 많이 먹지 않도록 해야 합니다. 간식을 너무 많이 먹으면 저녁 식사를 많이 못 먹게 되지요. 간식을 봉지 채 다 먹으면 안 된답니다.

간식을 한꺼번에 너무 많이 먹으면 몸에 지방이 쌓여 살이 찌게 된답니다. 또 단 과자를 너무 많이 먹으면 충치가 생길 수 있고, 이가 약해지게 됩니다.

간식은 신속히!

간식은 또 한 번의 식사입니다. 집에서 간식을 먹을 때에는 자리에 똑바로 앉아서 얌전하게 먹도록 합시다. 옆으로 누워서 텔레비전을 보거나 책을 보면서 간식을 먹는 것은 좋지 않은 습관이에요. 간식을 느릿느릿 먹으면 충치가 생길 수 있고, 배탈이 생길 수도 있답니다. 또 걸어가면서 음식을 먹거나 음료를 마시는 습관도 버려야 하는 습관이랍니다.

단 음식은 이제 그만!

여러분은 껌이나 초콜릿, 케이크, 주스를 좋아하지요? 하지만 이렇게 설탕이 많이 들어간 과자나 음식을 많이 먹으면 식사 때 배가 안고파, 오히려 밥은 잘 먹지 못하게 된답니다. 또 충치가 생기기 쉬워지지요. 그리고 칼슘의 양이 줄어들어 뼈와 이가 약해질 수 있답니다.

단 맛이 나는 과자나 음료수는 조금씩만 먹도록 합시다.

간식과 양치질

간식을 먹은 다음에는 입 주위를 잘 닦고 손을 깨끗이 씻어야 합니다. 그리고 칫솔을 이용해서 깨끗이 양치질을 해야 합니다. 그러면 충치균은 깜짝 놀라서 도망간답니다.

입안에 찌꺼기가 남아 있으면 충치균이 늘어나고, 소중한 이가 충치가 되어 버린답니다. 간식을 먹은 뒤에는 꼭 양치질을 해서 건강한 치아를 만들도록 합시다.

6 올바른 식사법

잘 씹어서 먹어요

음식은 항상 꼭꼭 잘 씹어서 먹어야 합니다. 음식을 잘 씹어 먹으면 잇몸이 튼튼해진답니다. 그리고 이도 단단해집니다. 또 턱이 단단해져서 딱딱한 음식도 잘 씹을 수 있게 됩니다. 음식을 씹을 때 나오는 침에는 음식물을 소화시키는 효소와 세균을 없애는 성분이 많이 들어있습니다. 이렇게 음식을 잘 씹어 먹으면 몸이 정말 건강해 진답니다.

건강과 잘 씹기

음식물은 많이 씹으면 씹을수록 몸에 여러 가지 좋은 일이 생긴답니다.

첫째로는 침이 많이 생겨서 소화가 잘 되고 뱃속이 편해지게 됩니다. 그리고 음식의 참 맛을 느낄 수 있습니다. 잇몸 속의 피가 잘 돌게 되어 이와 잇몸이 튼튼해지는 효과도 생길 수 있지요.

마지막으로 음식물의 섬유소가 이와 이 사이를 잘 청소해서 입안을 깨끗하게 해준답니다. 우리 모두 음식물을 꼭꼭 잘 씹어서 먹도록 합시다.

잘 씹으면 소화가 잘되요

음식을 잘 씹지 않고 삼키면 배는 깜짝 놀라게 되고, 아파온답니다. 잘 씹어서 먹으면 입안에 침이 많이 생겨서 음식과 잘 섞이게 되며, 소화가 잘 되고 뱃속도 편안해진답니다. 부드러운 음식도 천천히 잘 씹어서 먹는 습관을 기르도록 하세요. 우유도 너무 빨리 마시는 것보다는 입안에서 씹듯이 천천히 마시는 것이 좋아요.

잘 씹으면 머리가 좋아져요

음식을 천천히 잘 씹어서 먹으면 턱이나 입의 근육이 운동을 한답니다. 그렇게 운동을 하면 머리에 피가 잘 돌아서 뇌의 기능을 좋게 해주지요. 식사를 할 때에는 항상 천천히 잘 씹어서 먹도록 해요. 몸이 튼튼해질 뿐 아니라 머리도 좋아지기 때문이지요.

잘 씹지 않으면?

음식물을 잘 씹지 않으면 몸이 나빠지게 되지요. 잘 씹지 않는다는 것은 턱이나 이를 많이 사용하지 않는다는 것이기 때문에 턱이나 이가 약해져서 이가 고르게 자라나지 않지요. 잘 씹지 않으면 침도 잘 나오지 않고, 큰 음식물이 배에 들어가기 때문에 배는 깜짝 놀라서 울어버릴지도 몰라요. 모든 음식은 천천히 꼭꼭 씹어서 먹도록 합시다.

우유는 천천히

여러분은 우유를 어떻게 마시고 있나요?

마치 시원한 물을 마시듯 벌컥벌컥 마시는 친구들도 있지요? 우유에는 물과 달리 몸에 필요한 여러 가지 영양소가 들어 있답니다. 입안에서 침과 잘 섞이듯이 천천히 마시도록 합시다. 그렇게 하면 뱃속에서 소화가 잘 되고 몸도 건강해진답니다.

일찍 일어나요

아침에 일찍 일어나지 않는 친구들은 맛있는 아침밥을 먹을 수 없답니다. 우리들의 몸은 낮에는 움직이고 밤에는 쉬도록 되어 있어요. 그래서 아침에 눈을 뜬 직후에는 밥을 먹거나 몸을 움직일 힘이 충분하지 않지요.

눈을 떠서 아침식사를 맛있게 먹을 수 있게 몸의 준비가 될 때 까지는 20분 정도의 시간이 필요하답니다. 아침식사 20분전에는 잠에서 깨서, 맛있는 아침식사를 즐기도록 합시다.

아침식사 챙겨먹기

여러분은 매일 아침식사를 하고 있나요? 아침에 일어나서 밤에 잠들 때까지 몸을 따뜻하게 하고, 움직이거나 머리를 쓰기 위해서는 든든한 식사가 필수랍니다. 특히 하루를 시작하는 아침식사는 무엇보다 중요하답니다.

아침식사를 잘 먹지 않으면 에너지가 부족해서 기운이 나지 않게 되지요. 건강한 하루를 위해서 아침식사를 꼭 먹도록 합시다.

아침식사를 먹지 않으면?

아침식사를 먹지 않으면 우리들의 몸은 어떻게 될까요? 아침식사를 먹지 않고 유치원에 오면 에너지가 부족해서 몸이 따뜻하지 않고, 몸을 움직이거나 머리를 쓰는 게 힘들어지지요. 그래서 힘든 하루를 보내게 된답니다.

매일 이렇게 아침을 거르다 보면 몸이 충분히 자라지 않고 병에 걸리기 쉬워질 수도 있어요. 우리 모두 아침식사는 꼭 챙겨먹도록 합시다.

적당히 먹기

우리들이 먹은 음식은 입안에서 잘게 부서져서 목을 지나 위로 들어가게 되지요. 위에 들어간 음식물은 소화 작용을 통해 물컹물컹해지고 장으로 보내집니다. 하지만 한꺼번에 많은 것이 위에 들어가면 위나 장이 피로해져서 지쳐버리게 된답니다. 또한 배가 아프거나 설사를 하게 되는 원인이 되기도 하지요.

따라서 음식은 한꺼번에 너무 많이 먹거나 마시지 않도록 해야 합니다.

맛있는 음식도 적당히

여러분은 어떤 음식을 좋아하나요? 여러분 모두들 좋아하는 음식들이 있지요? 하지만 아무리 맛있는 음식이라도 한 번에 너무 많이 먹는 것은 건강에 좋지 않답니다.

너무 많은 음식을 먹으면 배탈이 나지요. 식사를 할 때나 간식을 먹을 때에는 조금 더 먹고 싶은 마음이 생길 때 그만 먹는 것이 좋답니다.

야식은 이제 그만!

여러분 중에는 밤늦게까지 놀고 과자를 먹거나 단 음료를 마시거나 하는 사람이 있지는 않나요? 늦은 시간이 되면 몸은 내일을 대비해서 휴식을 취해야 해요. 머리도 쉬지 않으면 안 되고 뱃속도 쉬어야 하지요. 이 때문에 밤늦게 먹거나 마시면 뇌와 배가 피로해진답니다.

또 밤늦게 먹은 음식은 지방으로 변해서 몸에 쌓이게 되고, 결국에는 살이 찌게 된답니다. 우리 모두 저녁식사 후에는 아무 것도 먹지 말도록 해요.

7 깨끗한 습관

손을 꼭 씻어요

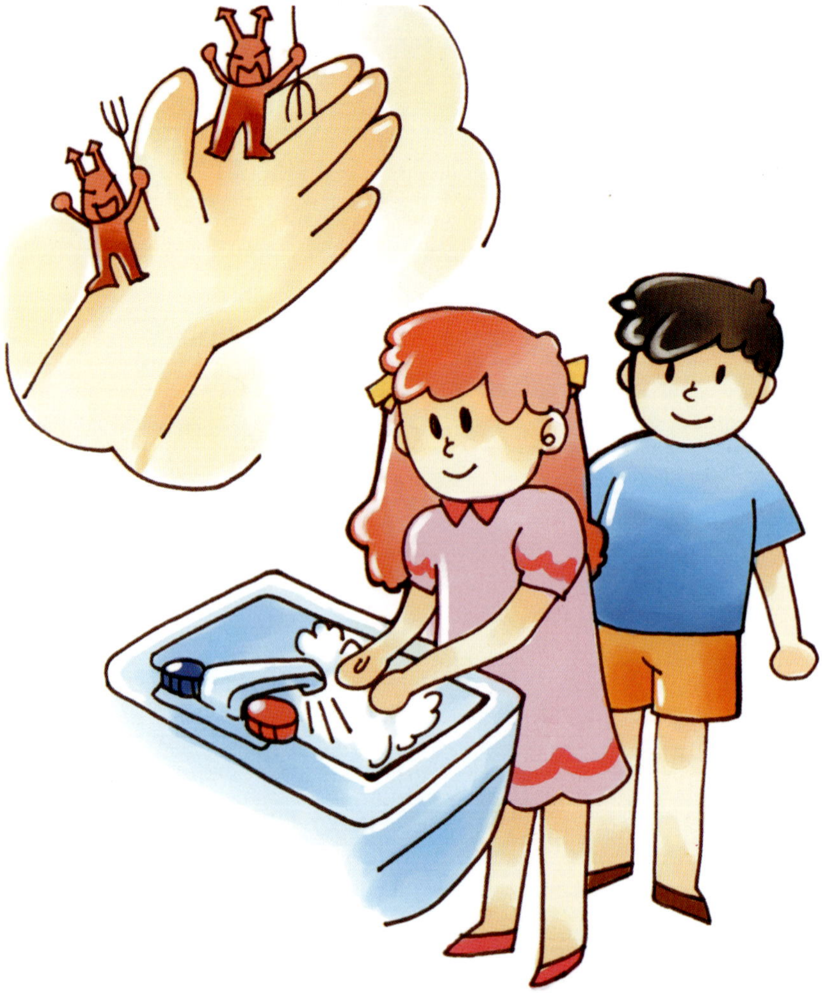

간식시간이나 식사시간이 되면 손을 깨끗이 씻어야 합니다. 우리 손은 깨끗하게 보이지만, 사실 많은 세균들이 숨어있답니다. 특히 손톱주위, 손가락과 손가락 사이에 많은 세균들이 있지요. 그래서 식사 전에는 항상 손을 깨끗하게 씻어줘야 합니다.

손을 씻을 때에는 반드시 비누를 사용해서 골고루 깨끗하게 씻어줘야 해요. 손을 씻고 난 뒤에는 깨끗한 손수건으로 물기를 닦아내도록 합시다.

손을 씻는 방법

1

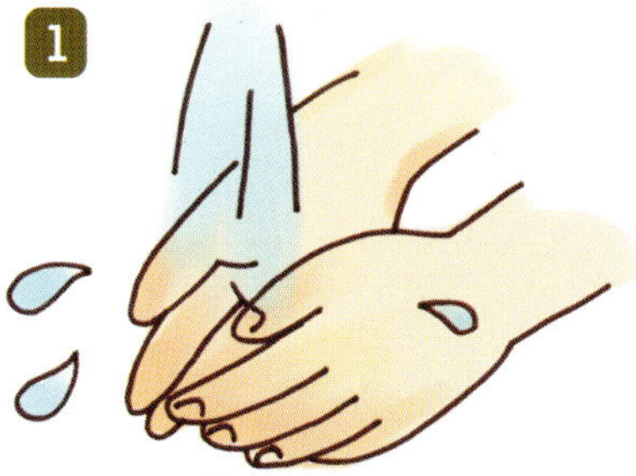

손에 물을 적셔요.

2

비누를 칠해요.

3

손바닥을 씻어요.

4

손등을 씻어요.

5

손가락 사이를 씻어요.

6

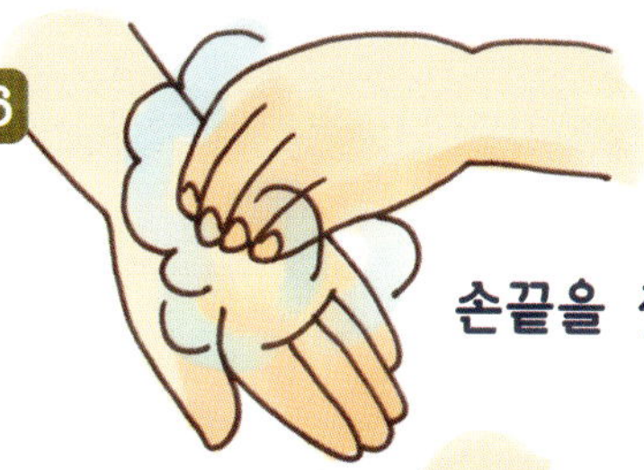

손끝을 씻어요.

7

손목을 씻어요.

8

물로 잘 씻어내요.

흘린 음식은 먹지 마세요

음식을 먹다보면 종종 식탁 밑으로 음식물을 떨어뜨리기도 하지요? 바닥에 떨어진 음식에는 눈에 보이지 않는 세균이 묻게 된답니다. 몸에 해로운 세균이 묻은 음식을 먹으면 배탈이 날 수 있어요.

만일 음식물을 바닥에 떨어뜨렸거나 흘렸을 때에는 먹지 말고 깨끗하게 치우도록 해요.

깨끗한 식사

식사를 하다 보면 손과 입 주위에 음식이 묻게 됩니다. 따라서 식사 후에는 입 주위와 손가락을 깨끗이 씻어서 묻은 음식물을 모두 닦아내야 합니다.

이는 간식을 먹은 후에도 마찬가지랍니다.

식사 후 양치질

식사를 마친 후나 간식을 먹은 뒤에는 이를 닦아줘야 합니다. 이를 닦으면 이에 묻은 음식물에 많이 묻어 있던 설탕을 없앨 수 있어요. 하지만 이를 닦지 않고 그대로 두면 충치균이 찾아와서 이를 약하게 만들어 버리지요. 만일 집 밖에서 음식을 먹어서 칫솔이 없을 때에는 물로 양치질을 해서 입안을 깨끗하게 헹궈주도록 합시다.

화장실과 손 씻기

화장실에 다녀온 후에는 반드시 손을 깨끗하게 씻고 소독을 해야 해요. 눈에는 보이지 않는 작은 세균들이 손에 묻어있을 수 있기 때문이지요. 손을 깨끗하게 씻으면 세균이 도망가 버린답니다.

하지만 손을 아무리 깨끗하게 씻는다고 해도, 수건이 더러우면 세균이 또 묻을 수 있으니 항상 깨끗한 수건을 사용하도록 합시다.

어린이식교육

8 식사예절 익히기

음식을 먹기까지

우리들이 먹는 맛있는 음식은 많은 사람의 땀과 노력의 결실입니다. 맛있는 밥을 먹기 위해서는 농부아저씨들이 부지런히 벼를 가꾸어야 하고요. 생선은 어부아저씨들이 우리나라에 멀리 떨어진 먼 바다까지 배를 타고 나가서 힘들게 잡아온 것들이랍니다. 이런 재료들을 기사아저씨들이 밤새 차를 달려서 아침 일찍 큰 시장으로 운반해준답니다. 시장에서는 채소가게와 생선가게 아저씨들이 아침 일찍부터 여러 가지 식품을 판매한답니다. 마지막으로 여러분의 어머니는 가게에서 식품을 사와서 맛있는 요리를 하신답니다. 이처럼 우리들이 먹는 음식에는 수많은 사람들의 땀과 노력이 함께 들어 있답니다.

이웃 나라에서는...

우리나라에는 여러 가지 맛있는 음식이 많이 있습니다. 하지만 세계 곳곳에는 너무 덥거나 너무 추워서, 혹은 가난과 전쟁 때문에 음식이 풍부하지 않은 나라들도 많이 있어요. 그런 나라에서는 먹을 것이 충분하지 못해서 매일매일 굶는 친구들이 많이 있답니다. 영양이 부족해서 손이나 다리가 가늘고 몸이 자라나지 못하는 아이들도 많이 있고요. 이런 친구들을 생각하면, 맛있는 음식과 없는 음식을 가린다거나 식사를 남길 수 없겠지요?

감사하는 마음

우리들이 맛있는 음식을 먹게 되기까지는 여러 사람들의 수고가 필요합니다. 또한 외국에는 먹을 것이 없어서 고생하고 있는 어린이들도 많이 있답니다.

혹시 밥을 다 먹지 않고 남기는 친구들이 있나요? 앞으로는 음식을 소중히 생각하고 남기지 말고 먹도록 합시다.

옷을 단정히 입어요

식사를 할 때에는 옷을 단정하게 갖추어 입어야 합니다. 옷은 깨끗한지, 단추는 풀어있지 않은지 확인해야 하지요. 식사할 때 옷을 단정하게 갖추어 입는 것은 식사예절의 기본이니까요. 집에서 편하게 먹을 때에도, 단정한 옷차림을 갖추고 먹는 것이 중요합니다.

조용히 기다려요

밥을 먹기 전에는 손을 깨끗이 씻고, 복장을 단정히 하고, 자리에 앉아서 식사가 차려질 때까지 조용히 기다립니다.

식사가 차려지면 감사기도를 하고, '잘 먹겠습니다'라고 인사를 하고 밥을 먹기 시작합니다. 조용히 기다리지 않고 돌아다니거나 떠들게 되면, 식사를 준비하는 데 방해가 될 수 있습니다.

인사를 해요

식사할 때에는 큰소리로 '잘 먹겠습니다'라고 인사를 합니다. 식사를 만들기 위해서 노력한 많은 사람들에게 감사를 전해야 합니다. 외국에서는 먹을 것이 부족해서 굶주린 친구들이 많이 있어요. 여러분은 식사나 간식을 마음껏 먹을 수 있는 것에 대해서 감사해야 합니다.

또 다 먹고 난 후 '잘 먹었습니다'라고 인사하는 것도 빼놓으면 안 됩니다.

젓가락 쥐는 법

젓가락은 올바르게 쥐지 않으면 잘 먹을 수가 없어요. 또 보기에도 좋지 않지요. 위의 그림을 보고 올바른 젓가락질을 연습합시다.

젓가락은 숟가락과 달리 음식을 조금씩밖에 옮기지 못하지만, 음식의 맛이나 향기, 혀의 감각 등을 잘 느끼게 해준답니다.

이렇게 쥐면 안돼요

위의 그림은 올바르지 못한 젓가락 사용법이에요. 우리 모두 위의 그림처럼 쥐지 말고 올바르게 젓가락을 쥘 수 있도록 해요.

① 아기가 스푼을 쥐는 것과 똑 같이 쥐고 있지요.

② 위아래의 젓가락 사이에 중지를 넣지 않고 2개를 함께 쥐고 숟가락으로 먹는 것같이 떠올리듯이 떠서 입에 넣고 있어요.

③ 두 자루의 젓가락을 교차해서 쥐고 있기 때문에 중지를 젓가락 사이에 끼워 넣지를 못하고 있네요.

④ 2개의 젓가락을 검지와 중지 사이에 끼워 넣고 있어요. 이러면 작은 음식물은 집을 수 없답니다.

이렇게 사용하면 안돼요

젓가락은 항상 바르게 잡고 바르게 사용해야 합니다. 다음과 같이 젓가락을 사용하는 것은 예의바른 행동이 아니에요.

① 찌르기 : 음식을 젓가락으로 찔러서 먹기
② 찾기 : 젓가락으로 맛있는 음식 찾아서 먹기
③ 잡아당기기 : 젓가락을 그릇 속에 넣고 자기 앞으로 잡아당기기
④ 망설이기 : 무엇을 먹을까 망설이며 이쪽저쪽으로 젓가락을 왔다 갔다 하기
⑤ 떠먹기 : 숟가락처럼 사용해서 음식을 떠먹기
⑥ 긁어 먹기 : 밥그릇에 입을 대고 젓가락으로 긁어 먹기

밥과 반찬

밥을 먹을 때에는 밥만 먹거나 반찬만 먼저 먹어버리면 안된답니다. 이렇게 먹는 것은 아주 나쁜 버릇이에요. 건강에도 매우 좋지 않지요.

밥과 국, 반찬을 먹을 때에는 우선 밥을 한입 먹고, 그 다음에 국을 한 숟갈 먹거나, 반찬을 먹어야 합니다. 그 후에 반찬을 먹는 식으로 번갈아가면서 먹도록 해요. 번갈아가며 먹으면 밥과 반찬 모두 맛있게 먹을 수 있어요.

바른 자세로 먹어요

식사를 할 때에는 등을 똑바로 펴고 자세를 바르게 하고 먹어야 합니다. 등을 둥글게 굽히고 먹거나 밥공기나 국그릇을 얼굴에 가까이 대고 먹는 것은 좋지 않은 자세입니다. 밥을 먹을 때에는 등을 반듯하게 펴고, 테이블과 의자 사이에 주먹 하나 정도의 간격을 두고 앉아서 먹는 것이 좋은 자세로 먹는 방법입니다.

바른 자세와 소화

먹는 자세가 나쁘면 등이 반듯하게 펴지지 않는답니다. 또 뱃속의 위가 눌려서 소화가 잘 되지 않아요. 우리 모두 바른 자세로 식사하는 습관을 만들도록 합시다.

남에게 피해가 가지 않도록!

식사를 할 때에는 자리에서 일어나서 놀거나 친구와 장난치지 않도록 합시다. 큰 소리를 내면서 뛰어다니게 되면 음식을 엎어서 다른 사람에게 피해를 주게 된답니다. 또 다른 사람이 먹는 것을 들여 보거나 다른 사람의 음식을 집어 먹는 것은 좋지 안은 습관입니다.

마지막으로 밥을 먼저 먹었을 때에는, 주위의 사람들이 모두 먹을 때까지 조용하게 기다리도록 합시다.

잡담은 나중에!

음식물을 입에 넣고 잡담을 하면 안 됩니다. 음식물을 입에 넣은 채 말을 하게 되면, 음식물이 튀어 나오거나 제대로 씹기 전에 뱃속으로 들어갈 수 있답니다. 음식을 입에 넣은 뒤에는 차분하게 잘 씹어서 먹도록 합시다. 음식물을 뱃속으로 모두 삼킨 후 말을 하도록 해야 합니다.

조용히 쉬어요

식사가 끝난 후에는 잠시 동안 조용히 쉬는 것이 좋습니다. 뱃속에 먹을 것이 많이 들어있는 상태이기 때문에, 내장이 바쁘게 움직이고 있기 때문이지요. 이때 시끄럽게 떠들고 놀게 되면, 뱃속으로 들어간 음식물이 충분히 소화되기 힘들답니다. 그러므로 식사를 마친 후에는 바로 바깥으로 나가서 놀지 말고, 친구들과 조용히 이야기하는 것이 좋습니다.

9 건강한 우리몸

음식과 건강

사자와 코끼리, 원숭이 같은 동물들은 맛있는 음식을 먹음으로써 기운을 내고, 몸을 움직일 수 있답니다. 사람도 동물과 마찬가지로 음식을 먹지 않으면 살 수 없답니다. 음식을 먹을 때에는 모든 음식을 가리지 말고 골고루 먹어야 합니다. 또한 언제나 감사하는 마음으로 식사를 하는 것이 중요합니다.

몸의 재료

우리들은 왜 음식을 먹어야 할까요? 사람의 몸은 다양한 종류의 영양소로 만들어져 있습니다. 예를 들어 생선이나 고기, 달걀 등에 많이 들어 있는 단백질은 피와 근육을 만들어 줍니다. 또 우유나 작은 생선, 해초 등에 들어 있는 무기질은 뼈와 이의 재료가 되지요. 이처럼 다양한 음식물을 골고루 먹을 때, 우리는 건강한 어린이가 될 수 있는 것입니다.

다시 만들어지는 몸

우리들의 몸은 아주 작은 세포라고 하는 것으로 이루어져 있어요. 세포는 얼마의 시간이 지나면 조금씩 파괴되지요. 하지만 우리의 몸은 파괴된 세포만큼의 새로운 세포를 다시 만들어내지요. 세포를 다시 만들기 위해서는 음식이 재료가 된답니다.

그래서 음식을 조금만 먹거나, 편식을 하게 되면 새로운 세포가 만들어질 수 없게 된답니다. 우리 모두 모든 음식은 골고루, 또 남기지 말고 먹어서 건강하고 튼튼한 어린이가 되도록 해요.

건강한 생활

식품에 들어있는 단백질이나 비타민은 여러 가지 질병으로부터 우리 몸을 지켜주는 역할을 합니다. 이 때문에 음식을 편식해서 자기가 좋아하는 것만 먹으면 단백질이나 비타민이 부족해져서, 감기에 쉽게 걸리거나 다른 병에 걸릴 수 있어요. 특히 단백질이 많이 들어 있는 생선, 고기, 우유, 그리고 비타민이 많은 당근, 시금치 등 녹황색 채소를 많이 먹어야 해요. 모든 음식을 골고루 먹는다면 병들은 도망가고 만답니다.

생명의 근원 에너지

만약 아침부터 밤까지 아무것도 먹지 않으면 어떻게 될까요? 아무런 음식도 먹지 않으면 체온이 올라가지 않아서 몸이 나른해지고, 움직이는 것이 싫어지게 되요.

그 이유는 몸에 필요한 에너지가 부족해지기 때문이지요. 그러니까 식사를 매끼 꼬박꼬박 먹으면서 에너지를 보충하도록 해야 해요.

어린이식교육